Norbert Hoffmann

100 Grafik-Rezepte für Turbo Pascal unter Windows

Norbert Hoffmann

100 Grafik-Rezepte für Turbo Pascal unter Windows

Programmiertips mit Pfiff für Einsteiger und Fortgeschrittene

Die Deutsche Bibliothek - CIP-Einheitsaufnahme

Hoffmann, Norbert:
100 Grafik-Rezepte für Turbo Pascal unter Windows :
Programmiertips mit Pfiff für Einsteiger und Fortgeschrittene /
Norbert Hoffmann. - Braunschweig ; Wiesbaden : Vieweg, 1992

ISBN-13:978-3-528-05286-7 e-ISBN-13:978-3-322-83060-9
DOI: 10.1007/978-3-322-83060-9

NE: Hoffmann, Norbert: Hundert Grafik-Rezepte für Turbo
Pascal unter Windows

Der Verlag Vieweg ist ein Unternehmen der Verlagsgruppe Bertelsmann International.

Umschlagsgestaltung: Schrimpf & Partner, Wiesbaden

Gedruckt auf säurefreiem Papier

ISBN-13:978-3-528-05286-7

VORWORT

Durch das Erscheinen von TURBO-PASCAL für WINDOWS ist es erstmals möglich, bei geringen Kosten und unter vertretbarem Programmieraufwand WINDOWS-Applikationen zu schreiben. Naturgemäß umfaßt TURBO-PASCAL für WINDOWS nur die grundlegenden Grafik-Routinen; für anspruchsvolle Grafikanwendungen ist noch einiges an zusätzlicher Arbeit erforderlich.

Hier bietet das vorliegende Buch eine Hilfestellung. Es enthält eine Sammlung von 100 Rezepten, die als nützliche Bestandteile von Grafikprogrammen gedacht sind. Selbstverständlich ist es möglich, die Rezepte den eigenen Bedürfnissen anzupassen. Um die Rezepte sinnvoll einsetzen zu können, muß der Leser wissen, wie ein TURBO-PASCAL-Programm unter WINDOWS aufzubauen ist und wie Grafiken erzeugt werden. Nach Durcharbeiten der Dokumentation zu TURBO-PASCAL für WINDOWS, insbesondere des *Windows-Programmierhandbuchs*, dürfte das kein Problem mehr darstellen, so daß auch der Anfänger nach kurzer Einarbeitung die Rezeptsammlung nützen kann.

Ein einzelnes Rezept besteht meist aus dem Programmtext mit der zugehörigen Funktionsbeschreibung, einem Anwendungsbeispiel und zusätzlichen Hinweisen. Die Bestandteile eines Rezepts sind durch folgende Symbole gekennzeichnet:

Programmtext und Funktionsbeschreibung ("Wie wird gekocht?")
Der Programmtext ist durch eine einfache Umrahmung hervorgehoben.

Anwendungsbeispiel ("Wie wird serviert?")

Zusätzliche **Hinweise** ("Achtung!")
Besonders wichtige Angaben sind doppelt umrahmt.

Abwandlungsvorschlag ("Wie wird gewürzt?")

Die Rezepte sind nach Sachgruppen zusammengefaßt; der Anfangsbuchstabe der jeweiligen Sachgruppe dient zugleich der Numerierung.

Juli 1992
Norbert Hoffmann

Inhaltsverzeichnis

A Allgemeines

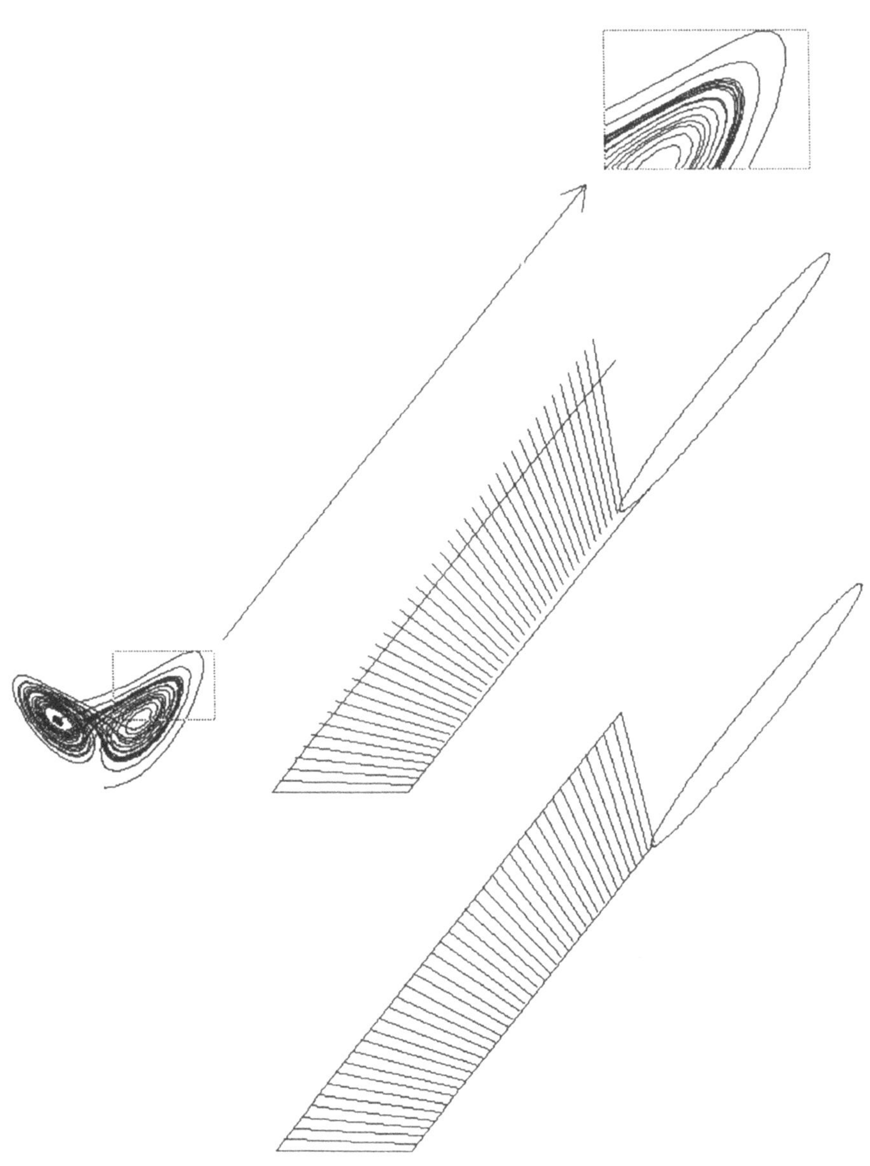

Viele Rezepte berechnen aus Genauigkeitsgründen die Bildschirmkoordinaten mit Hilfe von REAL-Zahlen, welche vor dem Zeichnen in INTEGER-Werte umzurechnen sind. Die Standardfunktion *Round* ist hierfür nur bedingt brauchbar, da bei großen REAL-Zahlen ein Gleitkommafehler (Laufzeitfehler 207) auftritt. Die Funktion *IntRound* vermeidet dieses Problem:

```
CONST
  MaxInt     =  32767;
  MinInt     = -32768;
```

```
FUNCTION IntRound(x: REAL): INTEGER;
BEGIN
  IF x>Maxint-1 THEN
    IntRound := Maxint-1
  ELSE IF x<Minint+1 THEN
    IntRound := Minint
  ELSE
    IntRound := System.Round(x);
END;
```

TURBO-PASCAL stellt einige transzendente Funktionen zur Verfügung, von denen die Rezepte ausgiebigen Gebrauch machen. Während die trigonometrischen Funktionen **sin** x und **cos** x unproblematisch sind, führen unzulässige Argumente beim Logarithmus **ln** x und bei der Exponentialfunktion **exp** x zu einem Laufzeitfehler. Daher empfiehlt sich die Verwendung der beiden folgenden Funktionen:

```
FUNCTION FLn(X: REAL): REAL;
BEGIN
  IF X=0 THEN
    FLn := -1E30
  ELSE
    FLn := System.Ln(Abs(X));
END;
```

```
FUNCTION FExp(X: REAL): REAL;
BEGIN
  IF X>Ln(1E30) THEN
    FExp := 1E30
  ELSE IF X<Ln(1E-30) THEN
    FExp := 0
  ELSE FExp := System.Exp(X);
END;
```

Eine weitere nützliche Funktion ist **tanh** x:

```
FUNCTION Tanh(X: REAL): REAL;
VAR
  p,m: REAL;
BEGIN
  p := FExp(X);
  m := 1/p;
  Tanh := (p-m)/(p+m);
END;
```

A.2 Geraden zeichnen

Das Standardverfahren für das Zeichnen einer Geraden ist die Befehlskombination *MoveTo/LineTo*. Man benötigt also jedes Mal zwei Befehle. Das folgende Rezept zeichnet direkt eine Gerade zwischen den Punkten (*X1,Y1*) und (*X2,Y2*):

```
PROCEDURE MoveLine
  (Kontext: HDC;
   X1,Y1   : INTEGER;
   X2,Y2   : INTEGER);
BEGIN
  MoveTo(Kontext,X1,Y1);
  LineTo(Kontext,X2,Y2);
END;
```

Zum Zeichnen von Geraden sind demnach verfügbar:

Befehl	Bedeutung	in
LineTo	Zeichnet eine Gerade von der aktuellen Position zur angegebenen Position; verändert die aktuelle Position	*WinProcs*
MoveLine	Zeichnet eine Gerade zwischen den angegebenen Positionen; verändert die aktuelle Position	Rezept A.2
LineWinkel	Zeichnet eine Gerade mit vorgegebener Länge und vorgegebenem Winkel; verändert die aktuelle Position	Rezept G.1
PolyLine	Zeichnet einen offenen Linienzug	*WinProcs*
Polygon	Zeichnet einen geschlossenen Linienzug und füllt ihn mit dem aktuellen Pinsel	*WinProcs*

Von der jeweiligen Aufgabenstellung hängt es ab, welche dieser Methoden man einsetzt. Folgende Richtlinien können eine Entscheidungshilfe geben:

- **Einzelne Linie bei bekannten Endpunkten**: Rezept *MoveLine*
- **Einzelne Linie bei bekanntem Winkel**: Rezept *LineWinkel*
- **Linienzug (offen oder geschlossen)**: Entweder *MoveTo* und mehrmals *LineTo* (einfach) oder *PolyLine* (umständlich, aber schnell)
- **Ausgefüllter geschlossener Linienzug**: Prozedur *Polygon*

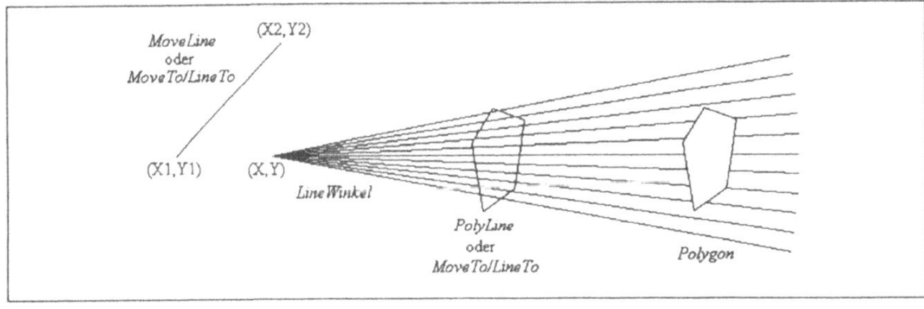

```
CONST PiZehntelgrad = Pi/1800;
```

```
PROCEDURE VerschiebePunktReal
  (     Rx,Ry: REAL;      {Startpunkt}
        L,W  : INTEGER;
    VAR Sx,Sy: REAL);     {Endpunkt}
BEGIN
  Sx := Rx + L*cos(PiZehntelgrad*W);
  Sy := Ry - L*sin(PiZehntelgrad*W);
END;
```

Bei schrägem Zeichnen müssen häufig Punkte um einen bestimmten Betrag und einen bestimmten Winkel verschoben werden. Eine pixelweise Verschiebung ist oft viel zu ungenau, da sich die Rundungsfehler aufsummieren. Um das zu verhindern, kann man die Koordinaten als *REAL*-Zahlen darstellen und mit diesen *rechnen*. Das obige Programm verschiebt einen Punkt um die Strecke *L* und um den Winkel *W*. Zum *Zeichnen* ist natürlich jeweils eine Rundung zu *INTEGER*-Zahlen erforderlich.

Der Winkel *W* ist in Zehntelgrad von der Waagrechten aus im Gegenuhrzeigersinn anzugeben. Als Länge *L ist* auch ein negativer Wert zulässig; dann erfolgt die Verschiebung in der Gegenrichtung.

```
PROCEDURE VerschiebePunktInteger
  (     Rx,Ry: REAL;
        L    : INTEGER;
        W    : INTEGER;
    VAR Sx,Sy: INTEGER);
VAR
  X,Y: REAL;
BEGIN
  VerschiebePunktReal(Rx,Ry,L,W,X,Y);
  Sx := IntRound(X); Sy := IntRound(Y);
END;
```

Für einzelne Verschiebungen kann man auf *REAL*-Zahlen verzichten und das nebenstehende, einfacher anzuwendende Rezept einsetzen.

Die Besen auf dem Titelbild dieses Kapitels wurden mit *VerschiebePunktInteger* (oberer Besen) bzw. *VerschiebePunktReal* (unterer Besen) gezeichnet. Man sieht, wie sich im ersten Fall die Rundungsfehler aufsummieren. Die Befehle für die Haare des zweiten Besens finden Sie rechts.

```
VAR
  DC          : HDC;
  i           : BYTE;
  R1,S1,R2,S2: REAL;
BEGIN
  ...
  R1 := 200; S1 := 800; R2 := 300; S2 := S1;
  LineWinkel(DC,
    IntRound(R1),IntRound(S1),400,500);
  LineWinkel(DC,
    IntRound(R2),IntRound(S2),280,500);
  FOR i:=1 TO 41 DO BEGIN
    MoveLine(DC,IntRound(R1),IntRound(S1),
      IntRound(R2),IntRound(S2));
    VerschiebePunktReal(R1,S1,10,500,R1,S1);
    VerschiebePunktReal(R2,S2,7,500,R2,S2);
  END; {FOR}
  ...
END;
```

Die Konstante *PiZehntelgrad* dient zur Umrechnung von Zehntelgraden ins Bogenmaß, das die trigonometrischen Funktionen benötigen.

Eine Grafik kann wesentlich größer als der Bildschirm sein. Dann ist immer nur ein Ausschnitt zu sehen. Wenn man **Rollbalken** einführt, kann man den anzuzeigenden Ausschnitt auswählen. Das folgende Rezept hilft hier weiter:

```
PROCEDURE Rollbalken_einfuegen
  (Fenster              : PWindow;
   X_Einheit,Y_Einheit: INTEGER;
   X_Bereich,Y_Bereich: INTEGER);
BEGIN
  Fenster^.Attr.Style :=
    Fenster^.Attr.Style OR ws_VScroll OR ws_HScroll;
  Fenster^.Scroller := New(PScroller,Init
    (Fenster,X_Einheit,Y_Einheit,X_Bereich,Y_Bereich));
END;
```

Damit nach dem Rollen der neue Ausschnitt richtig angezeigt wird, ist das Bild mit der *Paint*-Methode zu zeichnen. Hinweise stehen bei Rezept A.6 (Zeichnen in ein Fenster).

Das Rezept kann einen waagrechten und einen senkrechten Rollbalken zugleich einfügen. Bei *X_Einheit* > 0 wird ein waagrechter, bei *Y_Einheit* > 0 ein senkrechter Rollbalken erzeugt.

```
CONSTRUCTOR TFenster.Init(...);
BEGIN
  ...
  Rollbalken_einfuegen(@Self,50,40,3,2);
  ...
END;
```

Ein Rollbalken muß mit der *Init*-Methode des betreffenden Fensters eingeführt werden. Ist *TFenster* Ihr Anwendungsfenster, so lautet der Aufruf wie oben. Ein waagrechter Rollschritt verschiebt den angezeigten Ausschnitt um 50 (*X_Einheit*) Pixel; 3 (*X_Bereich*) Schritte sind möglich. Die Grafik ist demnach (*Breite des Fensters*) + *X_Einheit* × *X_Bereich* Pixel breit. Analoges gilt für die senkrechte Richtung.

Das nebenstehende Bild zeigt die Verhältnisse: Das linke, fett gezeichnete Rechteck markiert den Ausschnitt aus der Grafik, der zu Beginn im Client-Bereich des Fensters liegt. Nach zwei Rollschritten in waagrechter und einem in senkrechter Richtung wird der Inhalt des rechten, fett gezeichneten Rechtecks angezeigt.

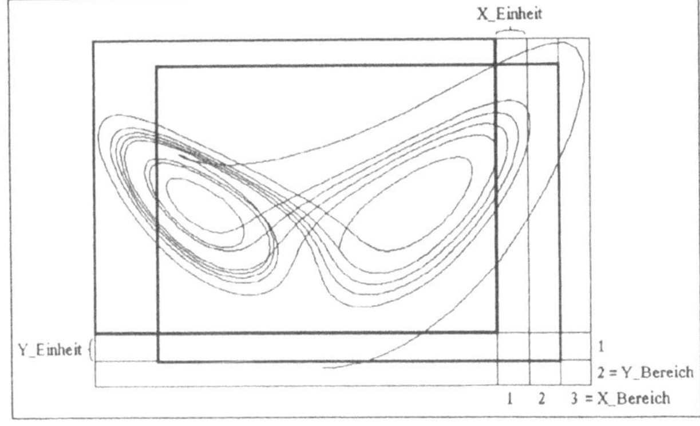

Einen Bildschirmbereich wählt man meist mit der Maus aus. Das folgende Rezept unterstützt die Auswahl eines rechteckigen Bereichs, der durch eine Variable vom Typ *TRect* beschrieben wird. Es besteht aus zwei Prozeduren Die erste Prozedur setzt die linke obere Ecke des Bereichs fest; die zweite gestattet die Änderung der rechten unteren Ecke. Beide sind zur Reaktion auf Mausereignisse vorgesehen. Der ausgewählte Bereich ist auf dem Bildschirm durch eine punktierte Linie abgegrenzt.

```
PROCEDURE BildschirmbereichStart
  (     Kontext: HDC;
   VAR Bereich: TRect;
       Msg     : TMessage);
BEGIN
  DrawFocusRect(Kontext,Bereich); {Alte Bereichsgrenzen löschen}
  SetRect(Bereich,Msg.LParamLo,Msg.LParamHi,Msg.LParamLo,
    Msg.LParamHi); {Startpunkt definieren}
  DrawFocusRect(Kontext,Bereich); {Bereichsgrenzen zeichnen}
END;
```

```
PROCEDURE BildschirmbereichEnde
  (     Kontext: HDC;
   VAR Bereich: TRect;
       Msg     : TMessage);
BEGIN
  DrawFocusRect(Kontext,Bereich); {Alte Bereichsgrenzen löschen}
  Bereich.right := Msg.LParamLo;
  Bereich.bottom := Msg.LParamHi; {Neue Bereichsgr. rechts unten}
  DrawFocusRect(Kontext,Bereich); {Neue Bereichsgrenzen zeichnen}
END;
```

Die Anwendung dieses Rezepts erfordert einige Sorgfalt. Im folgenden Beispiel soll mit Hilfe der Maus ein rechteckiger Bereich auf dem Bildschirm definiert und durch eine punktierte Linie markiert werden. Dazu sind folgende Schritte notwendig:

1) Der Startpunkt dieses Bereichs (links oben) wird durch Anfahren mit dem Mauszeiger und Drücken der linken Maustaste festgelegt.
2) Der Endpunkt ist zunächst gleich dem Startpunkt und wird durch Ziehen mit der Maus verschoben; der jeweils aktuelle Bereich wird angezeigt.
3) Beim Loslassen der linken Maustaste bleibt die Anzeige des nunmehr festgelegten Bereichs bestehen.

TFenster sei Ihr Anwendungsfenster. Eine Anwendung, die mit der linken Maustaste arbeitet, benötigt die Methoden *Init*, *WMLButtonDown*, *WMMouseMove* und *WMLButtonUp*. Wie diese aussehen müssen, finden Sie im *Windows-Programmierhandbuch* in Kap. 3 (Füllen eines Fensters).

Zusätzlich benötigen Sie eine Variable *Bereich*, um den ausgewählten Bildschirmbereich zu speichern. Diese Variable wird durch die Mausbewegungen definiert und anschließend durch das Programm ausgewertet, so daß mehrere Methoden darauf zugreifen müssen. Zweckmäßigerweise wird sie daher als Feld in die Definition Ihres Fensters aufgenommen:

```
TFenster = OBJECT(TWindow)
  ...
  Bereich: TRect;
  ...
END;
```

Die *Init*-Methode muß diese Variable löschen:

```
CONSTRUCTOR TFenster.Init;
BEGIN
  ...
  SetRectEmpty(Bereich);
  ...
END;
```

Durch Drücken der linken Maustaste wird der Startpunkt des Bereichs (links oben) auf die Mausposition gesetzt (der Endpunkt fällt dabei zunächst mit dem Startpunkt zusammen):

```
PROCEDURE TFenster.WMLButtonDown(VAR Msg: TMessage);
BEGIN
  ...
  BildschirmbereichStart(DragDC,Bereich,Msg);
  ...
END;
```

Durch Ziehen der Maus wird der Endpunkt des Bereichs (rechts unten) geändert:

```
PROCEDURE TFenster.WMMouseMove(VAR Msg: TMessage);
BEGIN
  ...
  BildschirmbereichEnde(DragDC,Bereich,Msg);
  ...
END;
```

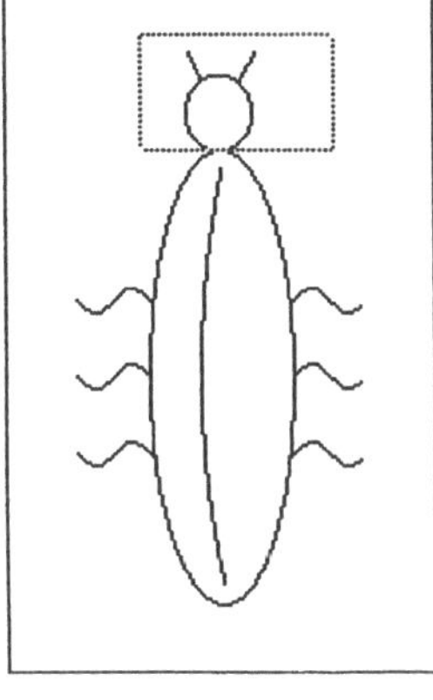

Beim Loslassen der Maus sollen die Bereichsgrenzen auf dem Bildschirm bestehen bleiben; daher brauchen Sie die Methode *WMLButtonUP* gegenüber den Angaben im *Windows-Programmierhandbuch* nicht zu ändern.

Die Koordinaten des ausgewählten Bereichs stehen jetzt in *Bereich* und können vom Programm weiter verarbeitet werden. Wie die Markierung eines Bildschirmbereichs aussieht, können Sie der nebenstehenden Darstellung entnehmen.

Bilder, die auch nach dem Rollen oder nach dem Ändern der Fenstergröße angezeigt werden sollen, müssen grundsätzlich mit der *Paint*-Methode gezeichnet werden. Am einfachsten ist es, die Zeichenbefehle direkt in der *Paint*-Methode einzusetzen. Bei einer Änderung des Bildausschnitts werden dann die Teile des Bildes, die zuvor nicht sichtbar waren, komplett neu gezeichnet. Bei zeitaufwendigen Zeichenvorgängen (z.B. Apfelmännchen) kann das sehr lange dauern.

Als Alternative bietet sich die Möglichkeit an, das gesamte Bild auf einmal in einen Speicherkontext zu zeichnen und von der *Paint*-Methode bei Bedarf auf den Bildschirm zu übertragen. Der Bildaufbau ist dabei allerdings nicht sichtbar; erst dann, wenn das Bild ganz fertig ist, erscheint es auf dem Schirm. Ausschnitssänderungen gehen jedoch sehr schnell; außerdem kann das gesamte Bild in Bitmaps übertragen und z.B. in die Zwischenablage oder zum Drucker geschickt werden.

Dieser Speicherkontext muß global verfügbar sein, da er sowohl von der *Paint*-Methode als auch von den eigentlichen Zeichenprogrammen benötigt wird. Zweckmäßigerweise wird er mit der *SetupWindow*-Methode eingerichtet (die *Init*-Methode ist nicht geeignet, da ihr der Bildschirmkontext noch nicht bekannt ist):

```
PROCEDURE TFenster.SetupWindow;
VAR
  DC: HDC;
BEGIN
  TWindow.SetupWindow;
  DC := GetDC(HWindow);
  Schirmspeicher := CreateCompatibleDC(DC);
  SchirmBitmap := CreateCompatibleBitmap(DC,
    GetSystemMetrics(sm_CXScreen)+
    Scroller^.XUnit*Scroller^.XRange,
    GetSystemMetrics(sm_CYScreen)+
    Scroller^.YUnit*Scroller^.YRange);
  SelectObject(Schirmspeicher,SchirmBitmap);
  BitBlt(Schirmspeicher,0,0,
    GetSystemMetrics(sm_CXScreen)+
    Scroller^.XUnit*Scroller^.XRange,
    GetSystemMetrics(sm_CYScreen)+
    Scroller^.YUnit*Scroller^.YRange,
    DC,0,0,Whiteness);
  ReleaseDC(HWindow,DC);
END;
```

Hier wird ein Speicherkontext erzeugt, der groß genug ist, um das gesamte Bild aufzunehmen (zu den Abmessungen s. Rezept A.4 Rollbalken), und weiß gefärbt. *TFenster* ist das Anwendungsfenster.

Bei Programmende muß der Speicherkontext wieder freigegeben werden:

```
DESTRUCTOR TFenster.Done;
BEGIN
  DeleteDC(Schirmspeicher);
  DeleteObject(SchirmBitmap);
  TWindow.Done;
END;
```

Die *Paint*-Methode muß den Speicherkontext zeichnen; WINDOWS sorgt dafür, daß der richtige Ausschnitt angezeigt wird:

```
PROCEDURE TFenster.Paint
  (    PaintDC  : HDC;
   VAR PaintInfo: TPaintStruct);
BEGIN
  Bitmap_bei_Punkt_einfuegen
    (PaintDC,Schirmspeicher,SchirmBitmap,0,0,1,1);
END;
```

Schließlich müssen die verwendeten Variablen und Methoden im Anwendungsobjekt stehen:

```
TYPE
  TFenster = OBJECT(TWindow)
    Schirmspeicher: HDC;
    SchirmBitmap  : HBitmap;
    PROCEDURE Paint
      (    PaintDC  : HDC;
       VAR PaintInfo: TPaintStruct); VIRTUAL;
    PROCEDURE SetupWindow; VIRTUAL;
    DESTRUCTOR Done; VIRTUAL;
  END;
```

Die Verwendung dieses Speicherkontexts ist ganz einfach: Man hat lediglich in den *Schirmspeicher* statt in den Bildschirmkontext zu zeichnen. Beispielsweise wird der Lorenz-Attraktor (Rezept C.7) mit folgender Befehlsfolge gezeichnet:

```
SetRealRect(W,-17,20,-1,55);
SetRect(B,10,5,610,405);
Achsenkreuz(Schirmspeicher,W,B,7,'X','Z');
Attraktor(Schirmspeicher,W,B,Lorenzfunktion,10,28.5,2.6,3000,0);
InvalidateRect(HWindow,NIL,FALSE);
```

Da man den Bildaufbau nicht sieht, ist es nicht sinnvoll (und würde nur die Wartezeit unnötig verlängern), eine Verzögerung einzubauen; daher wurde der Parameter *Verzoegerung* in der Prozedur *Attraktor* gleich 0 gesetzt. Der Befehl *InvalidateRect* bewirkt, daß die *Paint*-Methode aufgerufen und das Bild sofort gezeichnet wird.

Ein **Vektor** $(x_0,x_1,...,x_n)$ ist eine geordnete Menge von (n+1) *Komponenten*. Meist sind die Komponenten eines Vektors reelle Zahlen. Das folgende Rezept ist jedoch allgemeiner; es stellt ein Objekt bereit, das einen Vektor aus beliebigen Komponenten (*BYTE, INTEGER, REAL*, Records, Objekte) speichern kann. Allerdings sollten alle Komponenten denselben Typ haben.

Die Objektdeklaration lautet:

```
TYPE
  PSkalarColl = ^TSkalarColl;
  TSkalarColl = OBJECT(TCollection)
    Groesse: WORD;
    CONSTRUCTOR Init
      (Xmax: INTEGER;
       G   : WORD);
    PROCEDURE TSet
     (X: INTEGER;
       P: POINTER);
    FUNCTION TGet(X: INTEGER): POINTER;
    PROCEDURE FreeItem(Item: POINTER);VIRTUAL;
  END;
```

Die einzelnen Methoden sind wie folgt definiert:

```
CONSTRUCTOR TSkalarColl.Init;
VAR
  i: INTEGER;
  P: POINTER;
BEGIN
  TCollection.Init(Xmax+1,0);
  Groesse := G;
  FOR i:=0 TO Xmax DO BEGIN
    GetMem(P,Groesse);
    Insert(P);
  END; {FOR}
END;

PROCEDURE TSkalarColl.TSet;
BEGIN
  IF (X<0) OR (X>Count+1) THEN
    Exit;
  Move(P^,At(X)^,Groesse);
END;

FUNCTION TSkalarColl.TGet;
BEGIN
  IF (X<0) OR (X>Count+1) THEN
    TGet := NIL
  ELSE
    TGet := At(X);
END;

PROCEDURE TSkalarColl.FreeItem;
BEGIN
  IF Item<>NIL THEN
    FreeMem(Item,Groesse);
END;
```

Die Variablen und Methoden haben folgende Bedeutung:

X	Identifiziert eine Komponente; Wertebereich 0..*Xmax*
G	Größe einer Komponente in Bytes; zweckmäßigerweise durch *Sizeof(Komponente)* anzugeben
TSet	Überträgt den Inhalt von *P^* nach *TSkalarColl*; kann von der Anwendung beliebig oft aufgerufen werden
TGet	Gibt einen Zeiger auf die Komponente *X* zurück; kann von der Anwendung beliebig oft aufgerufen werden
FreeItem	Darf von der Anwendung nicht aufgerufen werden

Jahre	1	3	4	6
Gewinn in TDM	5	44	127	13

Die obige Tabelle zeigt den Gewinn eines Unternehmens; das nebenstehende Diagramm (ohne Koordinatenachsen und Beschriftung) wird durch folgende Befehlsfolge gezeichnet:

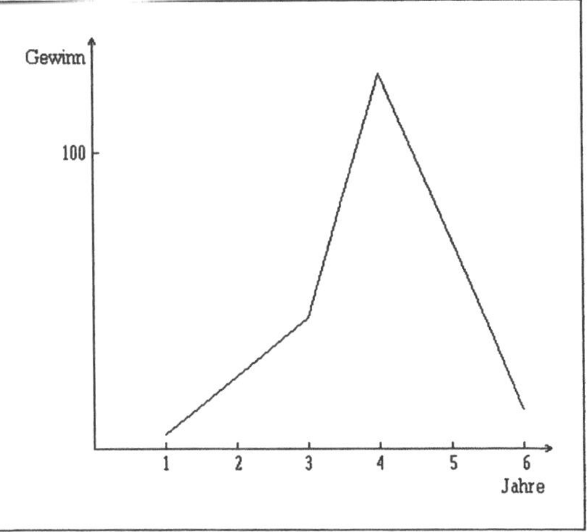


```
VAR
  DC        : HDC;
  Werte     : PSkalarColl;
  Wertepaar: TPoint;
  WP        : ^TPoint;
  i         : INTEGER;
BEGIN
  DC := GetDC(HWindow);
  Werte := New(PSkalarColl,Init(3,Sizeof(TPoint)));
  SetPoint(Wertepaar,1,5);   Werte^.TSet(0,@Wertepaar);
  SetPoint(Wertepaar,3,44);  Werte^.TSet(1,@Wertepaar);
  SetPoint(Wertepaar,4,127); Werte^.TSet(2,@Wertepaar);
  SetPoint(Wertepaar,6,13);  Werte^.TSet(3,@Wertepaar);
  WP := Werte^.TGet(0);
  MoveTo(DC,WP^.X*50+60,300-WP^.Y*2);
  WP := Werte^.TGet(1);
  LineTo(DC,WP^.X*50+60,300-WP^.Y*2);
  WP := Werte^.TGet(2);
  LineTo(DC,WP^.X*50+60,300-WP^.Y*2);
  WP := Werte^.TGet(3);
  LineTo(DC,WP^.X*50+60,300-WP^.Y*2);
  Dispose(Werte,Done); ReleaseDC(HWindow,DC);
END;
```

Eine **Matrix** ist eine rechteckige Anordnung von Zahlen; sie kann als ein Vektor betrachtet werden, dessen Komponenten selbst wiederum Vektoren sind. Eine Komponente einer Matrix wird durch zwei ganze Zahlen *(X,Y)* angesprochen. Das Objekt *TVektorColl* speichert eine Matrix aus Komponenten beliebigen Typs:

$$\begin{pmatrix} 5 & 4{,}3 & 7 & -5 \\ 13 & 27 & -12 & 16 \\ 33 & 21 & 87 & -1 \end{pmatrix}$$

```
TYPE
  PVektorColl = ^TVektorColl;
  TVektorColl = OBJECT(TCollection)
    CONSTRUCTOR Init(Xmax,Ymax: INTEGER; G: WORD);
    PROCEDURE TSet(X,Y: INTEGER; P: POINTER);
    FUNCTION TGet(X,Y: INTEGER): POINTER;
    PROCEDURE FreeItem(Item: POINTER); VIRTUAL;
  END;
```

```
CONSTRUCTOR TVektorColl.Init;
VAR
  i: INTEGER;
BEGIN
  TCollection.Init(Ymax+1,0);
  FOR i:=0 TO Ymax DO
    Insert(New(PSkalarColl,Init(Xmax,G)));
END;

PROCEDURE TVektorColl.TSet;
BEGIN
  IF (Y<0) OR (Y>Count+1) THEN
    Exit;
  PSkalarColl(At(Y))^.TSet(X,P);
END;

FUNCTION TVektorColl.TGet;
BEGIN
  IF (Y<0) OR (Y>Count+1) THEN
    TGet := NIL
  ELSE
    TGet := PSkalarColl(At(Y))^.TGet(X);
END;

PROCEDURE TVektorColl.FreeItem;
BEGIN
  IF Item<>NIL THEN
    Dispose(PSkalarColl(Item),Done);
END;
```

Die Anwendung ist völlig analog zum vorhergehenden Rezept, nur wird jetzt eine Komponente durch zwei Zahlen *X* (0...*Xmax*) und *Y* (0...*Ymax*) angesprochen.

Ein typisches Beispiel finden Sie in Rezept C.2 (Julia-Mengen). Dort muß für jeden Bildschirmpunkt eine Reihe von Zwischenergebnissen gespeichert werden. Da ein Bildschirmpunkt durch ein Zahlenpaar *(X,Y)* definiert wird, ist eine Matrix die "natürliche" Datenstruktur für einen solchen Zwischenspeicher.

TURBO-PASCAL stellt die Standardfunktion *RGB* zur Verfügung, mit der beliebige Farben erzeugt werden können. Sie erwartet drei Parameter (je einen für den roten, den grünen und den blauen Farbanteil). Wenn man die Farben nicht genau festlegen muß, kann man diesen Aufwand verringern, indem man die folgenden Konstanten verwendet:

```
CONST
  fb_schwarz   = $000000;
  fb_rot       = $0000FF;
  fb_gruen     = $00FF00;
  fb_gelb      = $00FFFF;
  fb_grau      = $808080;
  fb_blau      = $FF0000;
  fb_violett   = $FF00FF;
  fb_blaugruen = $FFFF00;
  fb_weiss     = $FFFFFF;
```

Diese Konstanten können direkt bei der Erzeugung der Zeichenwerkzeuge eingesetzt werden.

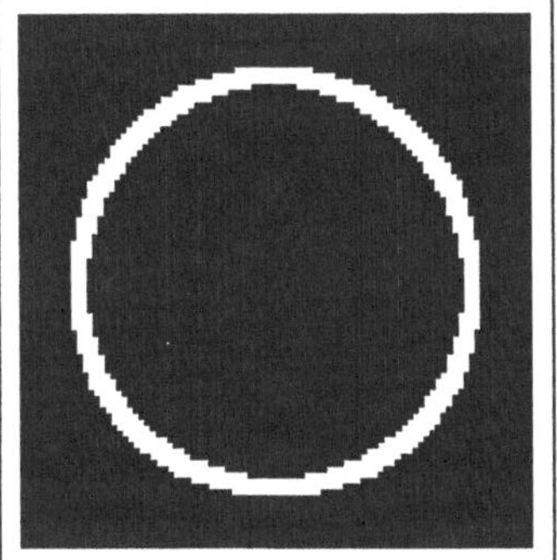

Die Bedeutung der Farbkonstanten kann man durch Schwarz-Weiß-Malerei natürlich nicht demonstrieren; ihre Anwendung läßt sich jedoch an Hand der Konstanten *fb_schwarz* und *fb_weiß* zeigen. Das nebenstehende Bild wird durch das Programm

```
VAR
  DC                  : HDC;
  Stift,alter_Stift   : HPen;
  Pinsel,alter_Pinsel: HBrush;
BEGIN
  DC := GetDC(HWindow);
  Stift := CreatePen(ps_Solid,3,fb_weiss);
  Pinsel := CreateSolidBrush(fb_schwarz);
  alter_Pinsel := SelectObject(DC,Pinsel);
  Rectangle(DC,10,10,100,100);
  alter_Stift := SelectObject(DC,Stift);
  Arc(DC,20,20,90,90,10,10,10,10);
  SelectObject(DC,alter_Stift);
  SelectObject(DC,alter_Pinsel);
  DeleteObject(Stift);
  DeleteObject(Pinsel);
  ReleaseDC(HWindow,DC);
END;
```

erhalten. Es zeichnet zunächst ein Quadrat, das mit einem schwarzen Pinsel ausgefüllt wird; anschließend wird mit einem weißen Stift ein Kreis hineingezeichnet.

Hinweise für das Erzeugen (mit *CreatePen* usw.) und das korrekte Löschen der Zeichenwerkzeuge (mit *DeleteObject*) finden Sie in Rezept W.1.

Speicherbereiche, die während des Programmlaufs reserviert wurden, sind spätestens bei Programmende wieder freizugeben. Andernfalls bleiben "Speicherleichen" zurück, auf die keine Anwendung mehr Zugriff hat; im schlimmsten Fall kann WINDOWS nicht mehr arbeiten. Die Speicherfreigabe geschieht nicht automatisch, so daß der Programmierer größte Sorgfalt aufwenden muß.

Nützlich wäre eine Möglichkeit, schon während der Programmausführung den verfügbaren Speicher abfragen zu können. Mit der folgenden Methode des Anwendungsfensters ist das möglich:

```
PROCEDURE TFenster.Info(VAR Msg: TMessage);
VAR
  DC: HDC;
BEGIN
  DC := GetDC(HWindow);
  RealOut(DC,0,0,MemAvail,0); {Rezept S.6}
  ReleaseDc(HWindow,DC);
END;
```

Diese Methode schreibt den verfügbaren Arbeitsspeicher in die linke obere Ecke des Fensters. Ihre Deklaration im Anwendungsobjekt könnte etwa lauten:

```
  PROCEDURE Info(VAR Msg: TMessage);
    VIRTUAL cm_First+cm_Info;
```

Wenn man dafür einen Menüpunkt vorsieht, kann sie jederzeit aufgerufen werden.

Zweckmäßigerweise ruft man diese Methode sofort nach Programmstart und vor Programmende auf. Wenn der Speicher weniger geworden ist, kann man im allgemeinen annehmen, daß reservierter Speicher nicht freigegeben wurde.

Der Fall, daß bei der Programminitialisierung Speicher reserviert, aber bei Programmende nicht wieder freigegeben wurde (letzteres ist in der Regel die Aufgabe der *Done*-Methode des Anwendungsfensters), ist auf diese Weise nicht erkennbar. Hier bietet es sich an, das Programm mehrmals zu starten und wieder zu beenden. Wenn dabei der freie Speicherplatz kontinuierlich abnimmt, ist ein Fehler anzunehmen. Geringfügige Schwankungen haben allerdings noch nichts zu besagen.

B Bitmaps

Das folgende Rezept liest Informationen über eine Bitmap und überträgt sie in die Variable *Info* (zum Format dieser Variablen vgl. *Windows-Referenzhandbuch*). Der Rückgabewert bezeichnet die Anzahl der übertragenen Bytes; bei einem Fehler ist er 0:

```
FUNCTION GetBitmapInfo
  (    Bitmap: HBitmap;
   VAR Info  : TBitmap): INTEGER;
BEGIN
  GetBitmapInfo := GetObject(Bitmap,Sizeof(Info),@Info);
END;
```

Braucht man nur die Breite der Bitmap, so kann man folgende Funktion verwenden:

```
FUNCTION GetBitmapWidth(Bitmap: HBitmap): INTEGER;
VAR
  Info: TBitmap;
BEGIN
  IF GetBitmapInfo(Bitmap,Info)=Sizeof(Info) THEN
    GetBitmapWidth := Info.bmWidth
  ELSE
    GetBitmapWidth := 0;
END;
```

Die Höhe einer Bitmap erhält man so:

```
FUNCTION GetBitmapHeight(Bitmap: HBitmap): INTEGER;
VAR
  Info: TBitmap;
BEGIN
  IF GetBitmapInfo(Bitmap,Info)=Sizeof(Info) THEN
    GetBitmapHeight := Info.bmHeight
  ELSE
    GetBitmapHeight := 0;
END;
```

Breite und Höhe einer Bitmap kann man damit wie folgt erhalten:

```
VAR
  Info  : TBitmap;
  Breite: INTEGER;
  Hoehe : INTEGER;
BEGIN
  ...
  GetBitmapInfo(Bitmap,Info);
  Breite := Info.bmWidth;
  Hoehe := Info.bmHeight;
  ...
END;
```

Dazu äquivalent ist die Befehlsfolge

```
  Breite := GetBitmapWidth(Bitmap);
  Hoehe := GetBitmapHeight(Bitmap);
```

Um einen Bildschirmbereich vorübergehend zu speichern, kann man die Zwischenablage verwenden. Etwas einfacher ist die Verwendung einer Bitmap als Zwischenspeicher:

```
PROCEDURE Bitmap_bereitstellen_laden
  (    Schirm  : HDC;
   VAR Speicher: HDC;
   VAR Bitmap  : HBitmap;
       Quelle  : TRect);
BEGIN
  Speicher := CreateCompatibleDC(Schirm);
  WITH Quelle DO
    Bitmap := CreateCompatibleBitmap(Schirm,right-left,bottom-top);
  SelectObject(Speicher,Bitmap);
  WITH Quelle DO
    BitBlt(Speicher,0,0,right-left,bottom-top,
      Schirm,left,top,SrcCopy);
END;
```

Hier ist *Schirm* der Gerätekontext (gewöhnlich der Bildschirm, z.B. *PaintDC* innerhalb einer *Paint*-Methode), der das zu speichernde Bild enthält, *Speicher* ein Speicherkontext, der von dieser Prozedur bereitgestellt wird, *Bitmap* die erzeugte Bitmap, welche die Kopie enthält, und *Quelle* der rechteckige Bereich, der von *Schirm* nach *Bitmap* kopiert wird. *Speicher* und *Bitmap* sind als eine Einheit anzusehen, die durch diese Prozedur bereitgestellt wird.

Der Inhalt dieser Bitmap kann nun mehrmals mit *BitBlt* und/oder *StretchBlt* in beliebige Gerätekontexte kopiert werden; Beispiele dafür bieten die beiden folgenden Rezepte. Zum Schluß muß das Paar *Speicher+Bitmap* wieder freigegeben werden:

```
  DeleteDC(Speicher);
  DeleteObject(Bitmap);
```

Die Freigabe des Bildschirmkontexts durch *DeleteDC(Speicher)* muß **vor** der Freigabe der Bitmap mit *DeleteObject(Bitmap)* erfolgen.

Es ist nicht empfehlenswert, diese beiden Befehle zu einer Prozedur zusammenzufassen, da hierbei Speicherverluste auftreten können.

Eine typische Anwendung verläuft nach folgendem Schema, wobei *DC* der Bildschirmkontext ist und *Bereich* das Quellrechteck bezeichnet, das in der Bitmap zwischengespeichert wird:

```
VAR MemDC: HDC; Bitmap: HBitmap;
BEGIN
  Bitmap_bereitstellen_laden(DC,MemDC,Bitmap,Bereich);
  BitBlt(Zielkontext,...,MemDC,...);
  StretchBlt(Zielkontext,...,MemDC,...);
  DeleteDC(MemDC); DeleteObject(Bitmap);
END;
```

Eine Bitmap, die mit dem vorhergehenden Rezept erzeugt und mit Daten geladen wurde, kann mit dem folgenden Rezept in einen Gerätekontext (z.B. den Bildschirm) übertragen werden:

```
PROCEDURE Bitmap_bei_Punkt_einfuegen
  (Ziel     : HDC;
   Speicher: HDC;
   Bitmap   : HBitmap;
   X,Y      : INTEGER;
   Mx,My    : REAL);
VAR
  Breite,Hoehe: INTEGER;
BEGIN
  Breite := GetBitmapWidth(Bitmap); {Rezept B.1}
  Hoehe := GetBitmapHeight(Bitmap); {Rezept B.1}
  StretchBlt(Ziel,X,Y,IntRound(Breite*Mx),IntRound(Hoehe*My),
    Speicher,0,0,Breite,Hoehe,SrcCopy);
END;
```

Ziel ist der Zielgerätekontext, *Speicher* und *Bitmap* wurden durch das vorhergehende Rezept erzeugt. *(X,Y)* bezeichnet die linke obere Ecke des Rechecks, in das die Daten kopiert werden, *Mx* und *My* sind Maßstabsfaktoren, welche die Kopie verzerren. Die Breite des Zielrechtecks ist (*Breite der Bitmap*)×*Mx*, die Höhe gleich (*Höhe der Bitmap*) ×*My*. Für *Mx* = *My* = 1 erhält man eine unverzerrte Kopie.

Das folgende Beispiel kopiert den durch *Bereich* umschlossenen Bildschirmbereich nach *Bitmap* und setzt ihn fünfmal nebeneinander mit wachsender Höhenverzerrung an den oberen Rand des Bildschirms. Enthält *Bereich* z.B. einen Käfer, so erhält man das obige Bild wie folgt (die Befehle zum Zeichnen des Käfers und zum Laden von *Bereich* sind weggelassen):

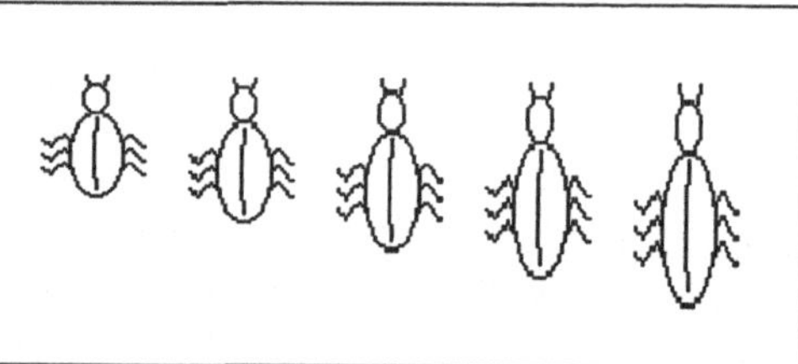

```
VAR
  DC,MemDC: HDC;
  Bitmap  : HBitmap;
  i       : BYTE;
BEGIN
  DC := GetDC(HWindow);
  Bitmap_bereitstellen_laden(DC,MemDC,Bitmap,Bereich);
  FOR i:=0 TO 4 DO
    WITH Bereich DO
      Bitmap_bei_Punkt_einfuegen
        (DC,MemDC,Bitmap,i*(right-left),0,1,1+0.2*i);
  DeleteDC(MemDC);
  DeleteObject(Bitmap);
  ReleaseDC(HWindow,DC);
END;
```

B.4 Bitmap nach Bereich 19

Mit dem vorhergehenden Rezept konnte eine Bitmap in den Bildschirm kopiert werden; die Größe des Zielbereichs ergab sich aus der Größe der gespeicherten Bitmap und den Maßstabsfaktoren. Häufig ist jedoch der Zielbereich vorgegeben, und die Bitmap soll so verzerrt werden, daß sie hineinpaßt. Die folgende Variante erledigt das:

```
PROCEDURE Bitmap_in_Bereich_einfuegen
  (Ziel    : HDC;
   Speicher: HDC;
   Bitmap  : HBitmap;
   Bereich : TRect;     {Zielbereich}
   Rop     : LONGINT); {Rasteroperation}
BEGIN
  WITH Bereich DO
    StretchBlt(Ziel,left,top,right-left,bottom-top,Speicher,0,0,
      GetBitmapWidth(Bitmap),GetBitmapHeight(Bitmap),Rop);
END;
```

Ziel ist der Gerätekontext, in den die Bitmap kopiert wird. *Rop* bezeichnet die Rasteroperation, die beim Kopieren verwendet wird (vgl. das folgende Anwendungsbeispiel).

Das folgende Beispiel kopiert einen Bereich des Bildschirms, der durch die Variable *Bereich* gegeben ist, in ein Rechteck von der Breite 100 Pixel und der Höhe 50 Pixel und invertiert dabei das Bild:

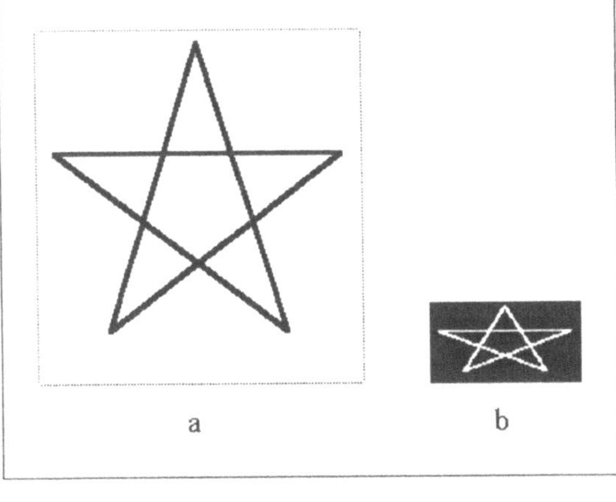


```
VAR
  DC      : HDC;
  MemDC   : HDC;
  Bitmap  : HBitmap;
  Bereich: TRect;
  Ziel    : TRect;
BEGIN
  ...
  Bitmap_bereitstellen_laden(DC,MemDC,Bitmap,Bereich);
  SetRect(Ziel,0,0,100,50);
  Bitmap_in_Bereich_einfuegen(DC,MemDC,Bitmap,Ziel,Whiteness);
  Bitmap_in_Bereich_einfuegen(DC,MemDC,Bitmap,Ziel,SrcInvert);
  DeleteDC(MemDC);
  DeleteObject(Bitmap);
  ...
END;
```

DC ist der Bildschirmkontext. Die Konstante *Whiteness* färbt zunächst das Ziel weiß; mit *SrcInvert* wird die Bitmap invertiert ins Ziel kopiert. Das obige Bild zeigt einen Drudenfuß (a, *Bereich* gestrichelt markiert) und das entsprechend verzerrte Ergebnis (b).

Eine reizvolle Aufgabe wäre es, einen Ausschnitt des Bildschirms in eine Bitmap zu kopieren und ihn anschließend um einen beliebigen Winkel verdreht anzuzeigen. Die Windows-API bietet dafür keinen Befehl an; mit *StretchBlt* kann man nur Spiegelungen zur X- und Y-Achse erhalten. Das ist nicht verwunderlich, da eine Drehung keine besonders "natürliche" Operation auf einer pixelorientierten Oberfläche ist: ein Rasterpunkt geht bei einer Drehung im allgemeinen in einen Punkt über, der nicht auf dem Raster liegt. Daher muß man einen benachbarten Rasterpunkt einfärben, so daß man kein besonders "sauberes" Bild erwarten kann.

Nimmt man diese Unzulänglichkeit in Kauf, und hat man (etwa mit dem Rezept B.2 *Bitmap_bereitstellen_laden*) ein Bild in der durch *Speicher* und *Bitmap* beschriebenen Bitmap, so kann man sie mit der folgenden Prozedur verdreht in den Kontext *Ziel* übertragen:

```
PROCEDURE Bitmap_drehen
  (Ziel    : HDC;
   Speicher: HDC;
   Bitmap  : HBitmap;
   X,Y     : INTEGER;
   alpha   : INTEGER);
VAR
  Zx,Zy: INTEGER; {Zielkoordinaten (Bildschirm)}
  Qx,Qy: INTEGER; {Quellkoordinaten (Bitmap)}
  Dx,Dy: INTEGER; {Abstand vom Ursprung}
  B,H  : INTEGER; {Breite und Höhe des Rechtecks}
  R    : INTEGER; {Diagonale des Rechtecks}
  C,S  : REAL;    {Sinus, Cosinus}
  Qp   : TPoint;  {Quellpunkt (Qx,Qy)}
  Qr   : TRect;   {Quellrechteck (Bitmap)}
BEGIN
  C := cos(PiZehntelgrad*alpha);
  S := sin(PiZehntelgrad*alpha);
  B := GetBitmapWidth(Bitmap);  {Rezept B.1}
  H := GetBitmapHeight(Bitmap); {Rezept B.1}
  R := IntRound(Sqrt(Sqr(B*1.0)+Sqr(H*1.0))); {Argumente REAL!}
  SetRect(Qr,0,0,B,H);
  FOR Zx := X-R TO X+R DO BEGIN
    Dx := Zx - X;
    FOR Zy := Y-R TO Y+R DO BEGIN
      Dy := Y - Zy;
      Qx := IntRound(Dx*C + Dy*S); {Rezept A.1}
      Qy := IntRound(Dx*S - Dy*C + H);
      SetPoint(Qp,Qx,Qy); {Rezept U.2}
      IF PtInRect(Qr,Qp) THEN
        SetPixel(Ziel,Zx,Zy,GetPixel(Speicher,Qx,Qy));
    END; {FOR Zy}
  END; {FOR Zx}
END;
```

X, *Y* und *alpha* beschreiben das Zielrechteck nach derselben Konvention wie Rezept G.4 (schiefes Rechteck); die Abmessungen des Zielrechtecks stimmen mit den Abmessungen der Bitmap überein.

Neben der bereits erwähnten Unschärfe hat diese Prozedur den weiteren Nachteil, sehr langsam zu sein. Eine Optimierung ist daher wünschenswert und auch durchaus möglich. Sie würde jedoch den Rahmen eines Rezepts sprengen. Für den Leser, der selbst eine Optimierung durchführen möchte, folgt nun eine Beschreibung der Grundideen dieses Rezepts:

Die naheliegende (und auch ziemlich schnelle) Methode wäre, die Bitmap pixelweise auf den Bildschirm zu übertragen. Die erforderliche Rundung der Zielkoordinaten auf *INTEGER*-Werte bringt es jedoch mit sich, daß manche Punkte im Zielrechteck mehrmals und andere Punkte überhaupt nicht angesprochen werden. Das Bild einer schwarzen Fläche wird daher grau erscheinen. Um das zu vermeiden, geht das Rezept den umgekehrten Weg: es sucht zu jedem Zielpunkt den zugehörigen Quellpunkt und färbt den Zielpunkt entsprechend. Ein optimales Programm würde nur solche Zielpunkte berücksichtigen, die im schrägen Zielrechteck liegen. Das Rezept untersucht ein Quadrat auf dem Bildschirm, welches das Zielrechteck mit Sicherheit enthält. Jedes Pixel in diesem Quadrat, dessen Quellpunkt innerhalb der Bitmap liegt, wird entsprechend eingefärbt. Die Fläche dieses Quadrats beträgt ein Mehrfaches der Zielrechtecksfläche; durch eine günstige Wahl des zu untersuchenden Bildschirmbereichs könnte man also viel Rechenzeit einsparen.

Das folgende Beispiel verdreht den nebenstehenden Tausendfüßler (a) um 20° (b). Zur Verdeutlichung sind die Bilder umrahmt. *Bereich* bezeichnet den Bildschirmbereich, in dem der ursprüngliche Tausendfüßler liegt:

```
VAR
  DC,MemDC: HDC;
  Bitmap  : HBitmap;
  Bereich : TRect;
BEGIN
  DC := GetDC(HWindow);
  SetRect(Bereich,...);
  Bitmap_bereitstellen_laden(DC,MemDC,Bitmap,Bereich);
  Bitmap_drehen(DC,MemDC,Bitmap,100,200,200);
  DeleteDC(MemDC);
  DeleteObject(Bitmap);
  ReleaseDC(HWindow,DC);
END;
```

Hat man (etwa mit Rezept B.2) ein Bild in einer Bitmap, so kann man es mit dem folgenden Rezept **schräg verzerrt** in einen Kontext *Ziel* übertragen. Die Parameter sind dieselben wie in Rezept B.5 (Bitmap drehen); das Ergebnis finden Sie im Bild weiter unten auf dieser Seite.

```
PROCEDURE Bitmap_verzerren
  (Ziel      : HDC;
   Speicher : HDC;
   Bitmap   : HBitmap;
   X,Y,alpha: INTEGER);
VAR
  Zx,Zy,Qx,Qy,B,H,dx: INTEGER;
  C                 : REAL;
BEGIN
  IF sin(PiZehntelgrad*alpha)=0 THEN Exit;
  C := cos(PiZehntelgrad*alpha)/sin(PiZehntelgrad*alpha);
  B := GetBitmapWidth(Bitmap); H := GetBitmapHeight(Bitmap);
  FOR Qy := 0 TO H DO BEGIN
    dx := IntRound(C*(H-Qy));
    FOR Qx := 0 TO B DO
      SetPixel(Ziel,X+dX+Qx,Y-H+Qy,GetPixel(Speicher,Qx,Qy));
  END; {FOR Qy}
END;
```

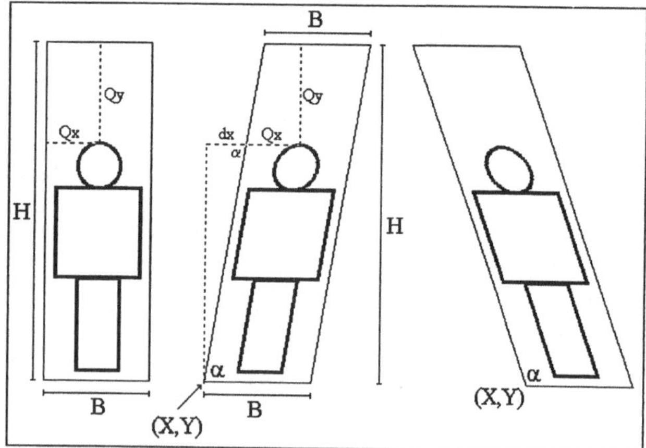

Die nebenstehende Zeichnung zeigt links eine originale Bitmap und rechts zwei um den Winkel 80° bzw. 110° verzerrte Kopien. *B* und *H* sind die Abmessungen der Bitmap; die gepunkteten Linien erläutern den Berechnungsvorgang. Das Bild wird so erhalten:

```
VAR
  DC,MemDC: HDC;   Bitmap: HBitmap;
  B       : TRect; U     : TPoint;
BEGIN
  DC := GetDC(HWindow);
  SetRect(B,50,100,150,400); SetPoint(U,100,390);
  MaennchenM(DC,U,200);
  Bitmap_bereitstellen_laden(DC,MemDC,Bitmap,B);
  Bitmap_verzerren(DC,MemDC,Bitmap,200,400,800);
  Bitmap_verzerren(DC,MemDC,Bitmap,500,400,1100);
  DeleteDC(MemDC); DeleteObject(Bitmap);
  ReleaseDC(HWindow,DC);
END;
```

C Chaos

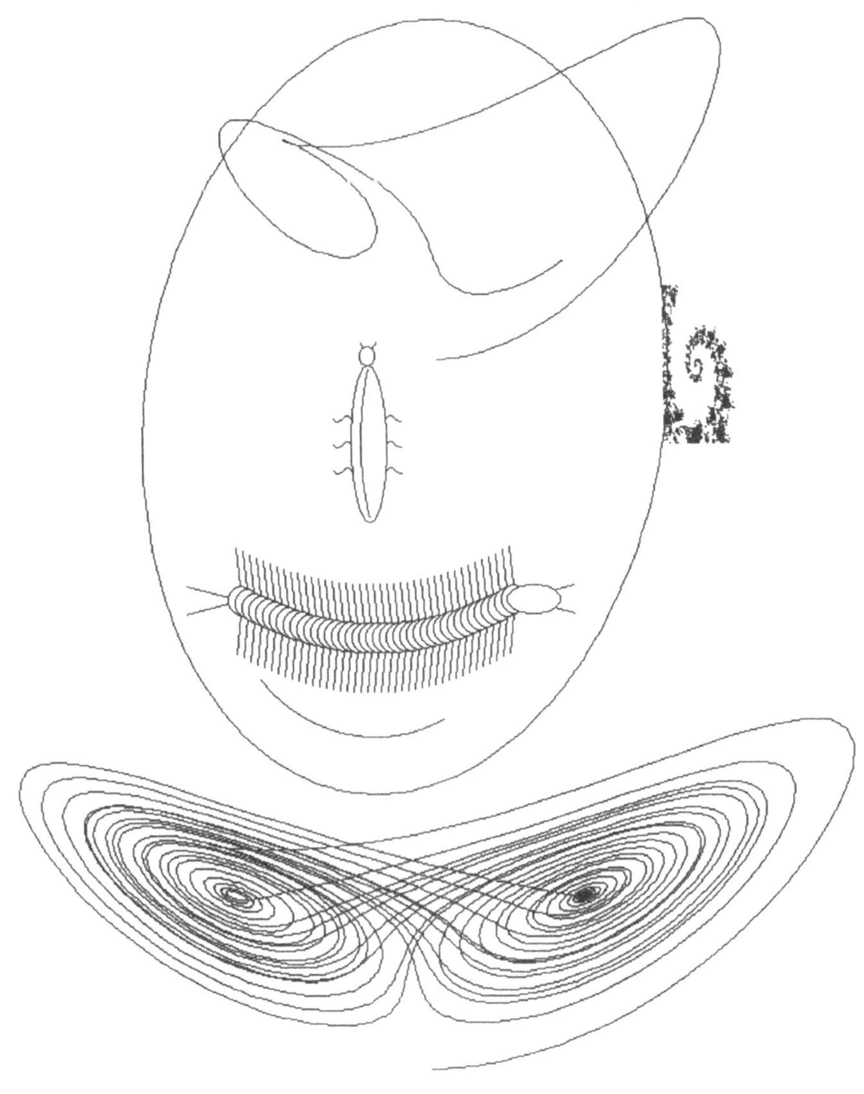

Julia-Mengen sind ziemlich schwierig und äußerst zeitaufwendig zu berechnen; dafür lassen sich allerdings besonders ansprechende Bilder erzeugen. Das folgende Rezept zeigt, wie es geht:

```
PROCEDURE Julia
  (Kontext              : HDC;
   Welt                 : TRealRect; {Ausschn. der zu zeichnenden Menge}
   Bereich              : TRect; {Schirmbereich, in dem gezeichnet wird}
   fr,fi                : Funktionstyp_3; {Erzeugende Funktion}
   Iterationen,Rand: INTEGER;
   Cr,Ci                : REAL); {Parameter der erzeugenden Funktion}
CONST
  Grenze = 100;
VAR
  X,Y,Zaehler: INTEGER;
  V,W,V_alt  : REAL;
BEGIN
  FOR X:=Bereich.left TO Bereich.right DO BEGIN
    FOR Y:=Bereich.top TO Bereich.bottom DO BEGIN
      Zaehler := 0;
      V := XSchirmToWelt(X,Welt,Bereich); {Rezept U.4}
      W := YSchirmToWelt(Y,Welt,Bereich); {Rezept U.4}
      REPEAT
        Inc(Zaehler);
        V_alt := V;
        V := fr(V,W,Cr);
        W := fi(V_alt,W,Ci);
      UNTIL (Sqr(V)+Sqr(W)>Grenze) OR (Zaehler>=Iterationen);
      IF (Zaehler=Iterationen) THEN
        SetPixel(Kontext,X,Y,fb_schwarz)
      ELSE IF (Zaehler<Rand) THEN IF odd(Zaehler) THEN
        SetPixel(Kontext,X,Y,fb_rot)
      ELSE IF (odd(X) AND odd(Y)) THEN
        SetPixel(Kontext,X,Y,fb_blau);
    END; {FOR Y}
  END; {FOR X}
END;
```

Kontext ist der Bildschirm, in den gezeichnet wird. Alle Punkte, die zur Julia-Menge gehören, werden schwarz gefärbt. Wählt man den Parameter *Rand* > 0, so erscheinen "Höhenlinien" im Bild, und zwar abwechselnd rot ausgefüllt bzw. blau gerastert. Die Bedeutung dieser Höhenlinien können Sie dem Buch [1] entnehmen.

Die Julia-Menge wird durch eine komplexe Funktion erzeugt, die man zweckmäßigerweise durch zwei reelle Funktionen *fr*, *fi* darstellt. Deren Typ lautet:

```
  Funktionstyp_3 = FUNCTION(X,Y,C: REAL): REAL;
```

Die einfachste Funktion, mit der man interessante Bilder enthält, ist z^2-c. Den Realteil erhält man durch

```
FUNCTION Juliafunktion_2r(X,Y,C: REAL): REAL;
BEGIN
  Juliafunktion_2r := Sqr(X) - Sqr(Y) - C;
END;
```

wobei $X = \mathrm{Re}(z)$, $Y = \mathrm{Im}(z)$ und $C = \mathrm{Re}(c)$ ist. Der Imaginärteil wird mit

```
FUNCTION Juliafunktion_2i(X,Y,C: REAL): REAL;
BEGIN
  Juliafunktion_2i := 2*X*Y - C;
END;
```

berechnet; dabei ist $C = \mathrm{Im}(c)$. Das Rezept gibt *Cr* bzw. *Ci* an diese beiden Funktionen weiter.

Auch auf schnellen PCs benötigt das Rezept sehr viel Rechenzeit. Hinweise, ein Programm wie dieses zu optimieren (wie immer auf Kosten von Übersichtlichkeit und Programmkürze), findet man ebenfalls in [1].

Das nebenstehende Bild zeigt einen kleinen Ausschnitt der Julia-Menge zu z^2-c. Die Höhenlinien erscheinen auf dem Bildschirm rot und blau, sind aber auch im Druck deutlich von der eigentlichen Julia-Menge zu unterscheiden. Folgende Befehle führten zu diesem Bild:

```
SetRect(B,10,10,400,400);
SetRealRect(W,0.29,0.31,-0.21,-0.19);
Julia(DC,W,B,Juliafunktion_2r,Juliafunktion_2i,200,60,0.745,0.113);
```

Wenn Sie am Bildschirm beobachten wollen, wie sich das Bild allmählich entwickelt, verwenden Sie das Rezept auf der nächsten Seite.

Beim vorherigen Rezept wurde jeder Punkt der Julia-Menge endgültig berechnet und dann angezeigt. Das hat den Nachteil, daß das Bild sehr langsam (von links nach rechts) aufgebaut wird, so daß man lange Zeit nichts erkennen kann. Daher wird hier eine Variante vorgestellt, die für jeden Bildpunkt jeweils nur einen Rechenschritt durchführt und das Ergebnis sofort anzeigt. Dadurch kann man beobachten, wie das Bild entsteht und immer differenzierter wird:

```
PROCEDURE Julia1
  (Kontext          : HDC;
   Welt             : TRealRect;
   B                : TRect;
   fr,fi            : Funktionstyp_3;
   Iterationen,Rand: INTEGER;
   Cr,Ci            : REAL);
TYPE
  RJulia = RECORD
    V_alt,W_alt,V,W: REAL;
    fertig         : BOOLEAN;
  END;
CONST
  Grenze = 100;
VAR
  X,Y,Zaehler: INTEGER;
  WK         : PVektorColl; {Rezept A.8}
  J          : ^RJulia;
BEGIN
  WITH B DO BEGIN
    WK := New(PVektorColl,
      Init(right-left,bottom-top,Sizeof(RJulia)));
    FOR X:=left TO right DO FOR Y:=top TO bottom DO BEGIN
      J := WK^.TGet(X-left,Y-top);
      J^.V := XSchirmToWelt(X,Welt,B); {Rezept U.4}
      J^.W := YSchirmToWelt(Y,Welt,B); {Rezept U.4}
      J^.fertig := FALSE;
      WK^.TSet(X-left,Y-top,J);
    END; {FOR Y}
    FOR Zaehler:=1 TO Iterationen DO BEGIN
      FOR X:=left TO right DO FOR Y:=top TO bottom DO BEGIN
        J := WK^.TGet(X-left,Y-top);
        IF NOT J^.fertig THEN BEGIN
          J^.V_alt := J^.V; J^.W_alt := J^.W;
          J^.V := fr(J^.V_alt,J^.W_alt,Cr);
          J^.W := fi(J^.V_alt,J^.W_alt,Ci);
          IF (Sqr(J^.V)+Sqr(J^.W)>Grenze) THEN BEGIN
            J^.fertig := TRUE; SetPixel(Kontext,X,Y,fb_weiss);
            IF (Zaehler<Rand) THEN IF odd(Zaehler) THEN
              SetPixel(Kontext,X,Y,fb_rot)
            ELSE IF (odd(X) AND odd(Y)) THEN
              SetPixel(Kontext,X,Y,fb_blau);
          END {IF}
          ELSE SetPixel(Kontext,X,Y,fb_schwarz);
        END; {IF NOT fertig}
        WK^.TSet(X-left,Y-top,J);
      END; {FOR Y}
    END; {FOR Zaehler}
  END; {WITH}
  Dispose(WK,Done);
END;
```

Der große Nachteil dieser Vorgangsweise ist der, daß für jeden Bildpunkt die Zwischenergebnisse gespeichert werden müssen (ein Bild aus 400×400 Pixeln hat 160 000 Punkte!). Dieser enorme Speicherplatz kann nur dynamisch reserviert werden; da ein Bildpunkt durch zwei *INTEGER*-Zahlen (*X,Y*) angesprochen wird, bietet sich die Verwendung einer Matrix (Rezept A.8) an.

Durch die vielen Speicherzugriffe läuft dieses Rezept etwas langsamer als das vorherige; kritisch wird es allerdings erst, wenn dazu die Festplatte benötigt wird.

Die untenstehenden Bilder zeigen einen Ausschnitt aus der Julia-Menge von S. 25; sie wurden mit der Befehlsfolge

```
SetRect(B,10,10,210,110);
SetRealRect(W,0.295,0.305,-0.195,-0.190);
Julia1(DC,W,B,
  Juliafunktion_2r,Juliafunktion_2i,200,60,0.745,0.113);
```

erhalten. Bei den ersten 23 Iterationen geschieht noch nichts. Von da ab kann man beobachten, wie der Reihe nach die Höhenlinien entstehen und sich anschließend das Bild immer weiter entwickelt.

23 Iterationen	26 Iterationen
60 Iterationen	90 Iterationen
120 Iterationen	200 Iterationen

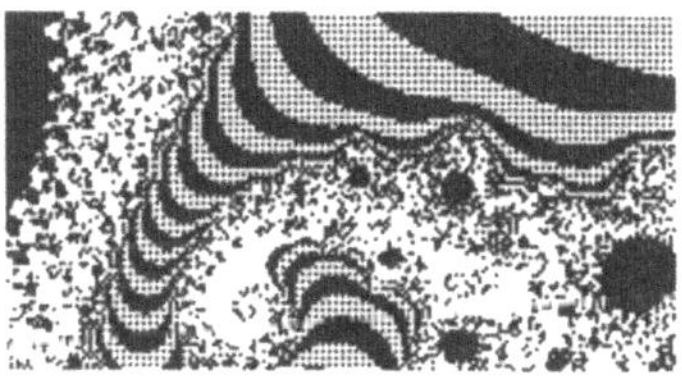

Das **Apfelmännchen** ist eine Variante der Julia-Menge (Rezept C.1). Mit dem folgenden Rezept können Sie es zeichnen. Wie dort werden die Höhenlinien abwechselnd rot ausgefüllt bzw. blau gerastert.

```
PROCEDURE Apfel
   (Kontext          : HDC;
    Welt             : TRealRect; {Rezept U.1}
    Bereich          : TRect;
    fr,fi            : Funktionstyp_3; {Rezept C.1}
    Iterationen,Rand: INTEGER;
    Sx,Sy            : REAL);
CONST
  Grenze = 100;
VAR
  X,Y,Zaehler     : INTEGER;
  V,W,V_alt,Cr,Ci: REAL;
BEGIN
  FOR X:=Bereich.left TO Bereich.right DO BEGIN
    FOR Y:=Bereich.top TO Bereich.bottom DO BEGIN
      Zaehler := 0; V := Sx; W := Sy;
      Cr := XSchirmToWelt(X,Welt,Bereich); {Rezept U.4}
      Ci := YSchirmToWelt(Y,Welt,Bereich); {Rezept U.4}
      REPEAT
        Inc(Zaehler); V_alt := V;
        V := fr(V,W,Cr); W := fi(V_alt,W,Ci);
      UNTIL (Sqr(V)+Sqr(W)>Grenze) OR (Zaehler>=Iterationen);
      IF (Zaehler=Iterationen) THEN
        SetPixel(Kontext,X,Y,fb_schwarz)
      ELSE IF (Zaehler<Rand) THEN IF odd(Zaehler) THEN
        SetPixel(Kontext,X,Y,fb_rot)
      ELSE IF (odd(X) AND odd(Y)) THEN
        SetPixel(Kontext,X,Y,fb_blau);
    END; {FOR Y}
  END; {FOR X}
END;
```

Im Bild rechts sehen Sie ein "Standard"-Apfelmännchen. Das eigentliche Apfelmännchen liegt innen; die äußeren Bänder sind die Höhenlinien. Das Bild wurde so gezeichnet:

```
SetRect(B,10,10,400,400);
SetRealRect
  (W,-0.5,1.5,-1,1);
Apfel(DC,W,B,
  Juliafunktion_2r,
  Juliafunktion_2i,
  500,50,0,0);
```

Der blau gerasterte Anteil der Höhenlinien ist weiß gezeichnet.

Feigenbaumdiagramme sind wie Julia-Mengen und Apfelmännchen fraktale Gebilde. Im Gegensatz zu letzteren sind sie jedoch mit dem folgenden Rezept viel rascher zu zeichnen:

```
PROCEDURE Feigenbaum
  (Kontext          : HDC;
   Welt             : TRealRect; {Rezept U.1}
   Bereich          : TRect;     {Bereich, in dem gezeichnet wird}
   f                : Funktionstyp_2;
   Leerschritte     : INTEGER;   {Iterationsschritte ohne Zeichnen}
   Zeichenschritte: INTEGER;     {Iterationsschritte mit Zeichnen}
   Start            : REAL);     {Startwert für p}
VAR
  i: INTEGER; k,p: REAL; Punkt: TPoint;
BEGIN
  FOR Punkt.X:=Bereich.left TO Bereich.right DO BEGIN
    k := XSchirmToWelt(Punkt.X,Welt,Bereich); p := Start;
    FOR i:=0 TO Leerschritte DO p := f(p,k);
    FOR i:=0 TO Zeichenschritte DO BEGIN
      p := f(p,k);
      Punkt.Y := YWeltToSchirm(p,Welt,Bereich); {Rezept U.3}
      IF PtInRect(Bereich,Punkt) THEN
        SetPixel(Kontext,Punkt.X,Punkt.Y,fb_schwarz);
    END; {FOR i}
  END; {FOR X}
END;
```

Kontext ist der Bildschirm, in den gezeichnet wird; mit *f* werden die Iterationen berechnet. Letztere ist eine reelle Funktion zweier reeller Variabler:

```
  Funktionstyp_2 = FUNCTION(X,Y: REAL): REAL;
```

Gewöhnlich verwendet man folgende Funktion:

```
FUNCTION Feigenbaumfunktion(p,k: REAL): REAL;
BEGIN
  IF Abs(p)>1E15 THEN Feigenbaumfunktion := -k*1E30
  ELSE Feigenbaumfunktion := p + k*p*(1-p);
END;
```

Da bei derartigen Iterationen leicht ein Fließkommaüberlauf auftreten kann (das geschieht bereits bei *k*=3,1), ist die Begrenzung der Funktionswerte notwendig.

Das nebenstehende Feigenbaumdiagramm kann wie folgt gezeichnet werden; dabei ist *DC* der Bildschirmkontext; *B* und *W* sind vom Typ *TRect* bzw. *TRealRect*:

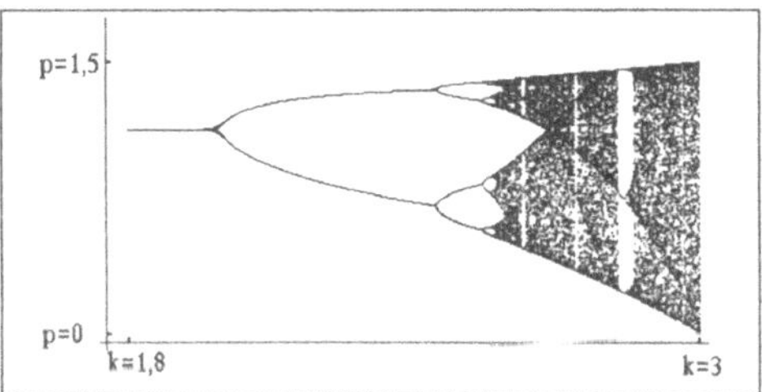


```
SetRect(B,100,100,500,300);
SetRealRect(W,1.8,3,0,1.5);
Feigenbaum(DC,W,B,Feigenbaumfunktion,100,100,0.3);
```

Reizvoll ist es, **seltsame Attraktoren** auf den Bildschirm zu zeichnen. Wenn man noch eine Verzögerung einbaut, kann man beobachten, wie sich die Kurve entwickelt. Die Prozedur

```
PROCEDURE Attraktor
  (Kontext      : HDC;
   W            : TRealRect; {Zu zeichnender Ausschn. des Attr.}
   S            : TRect; {Zielbereich für diesen Ausschnitt}
   f            : Funktionstyp_33; {Erzeugende Funktion des Attr.}
   a,b,c        : REAL; {Parameter der erzeugenden Funktion}
   Schritte     : LONGINT;
   Verzoegerung: LONGINT);
VAR
  X,Y,Z: REAL;
  i,k  : LONGINT;
BEGIN
  X := 1;
  Y := 1;
  Z := 1;
  f(X,Y,Z,a,b,c);
  MoveTo(Kontext,XWeltToSchirm(X,W,S),YWeltToSchirm(Z,W,S));
  FOR i:=1 TO Schritte DO BEGIN
    f(X,Y,Z,a,b,c);
    LineTo(Kontext,XWeltToSchirm(X,W,S),YWeltToSchirm(Z,W,S));
    FOR k:=0 TO Verzoegerung DO ;
  END; {FOR}
END;
```

erledigt diese Aufgabe. Die erzeugende Funktion *f* hat den Typ

```
  Funktionstyp_33 = PROCEDURE(VAR X,Y,Z: REAL; a,b,c: REAL);
```

und berechnet eine numerische Lösung eines Systems dreier gewöhnlicher Differentialgleichungen. Beispiele finden Sie in den beiden folgenden Rezepten.

S ist der Bildschirmbereich, in den der Weltbereich (vgl. Rezept U.1) *W* abgebildet wird. Das Rezept ergibt immer den ganzen Attraktor; wenn dieser über *W* hinausreicht, dann wird auch über *S* hinaus gezeichnet.

Die Prozedur *Attraktor* projiziert die von *f* erzeugte räumliche Kurve auf die *XZ*-Ebene und stellt das Ergebnis auf dem Bildschirm dar. Sie können eine andere Projektion erhalten, indem Sie die Prozedur abwandeln. Eine Projektion auf die *YZ*-Ebene bekommen Sie mit den Befehlen

```
  MoveTo(Kontext,XWeltToSchirm(Y,W,S),YWeltToSchirm(Z,W,S));
    LineTo(Kontext,XWeltToSchirm(Y,W,S),YWeltToSchirm(Z,W,S));
```

Analog ergibt sich eine Projektion auf die *XY*-Ebene mit

```
  MoveTo(Kontext,XWeltToSchirm(X,W,S),YWeltToSchirm(Y,W,S));
    LineTo(Kontext,XWeltToSchirm(X,W,S),YWeltToSchirm(Y,W,S));
```

Die Projektion auf eine beliebige Ebene ist ebenfalls möglich, aber komplizierter.

Der **Rössler-Attraktor** wird durch das folgende Gleichungssystem beschrieben (vgl. [3]):

$$\frac{dx}{dt} = -y - z$$

$$\frac{dy}{dt} = x + ay$$

$$\frac{dz}{dt} = bx - cz + xz$$

```
PROCEDURE RoesslerfunktionXZ
  (VAR X,Y,Z: REAL; a,b,c: REAL);
CONST
  dt = 0.01;
VAR
  dX,dY,dZ: REAL;
BEGIN
  dX := -Y-Z;
  dY := X+a*Y;
  dZ := b*X+Z*(X-c);
  X := X + dt*dX;
  Y := Y + dt*dY;
  Z := Z + dt*dZ;
END;
```

Die erzeugende Funktion finden Sie oben.

Diese Funktion ergibt eine Projektion auf die *XZ*-Ebene. Eine Projektion auf die *YZ*-Ebene erhält man, indem man das Rezept *Attraktor* (Rezept C.5) entsprechend umschreibt oder die nebenstehende Funktion verwendet, bei der die Variablen *X* und *Y* vertauscht wurden.

```
PROCEDURE RoesslerfunktionYZ
  (VAR X,Y,Z: REAL; a,b,c: REAL);
CONST
  dt = 0.01;
VAR
  dX,dY,dZ: REAL;
BEGIN
  dY := -X-Z;
  dX := Y+a*X;
  dZ := b*Y+Z*(Y-c);
  X := X + dt*dX;
  Y := Y + dt*dY;
  Z := Z + dt*dZ;
END;
```

In den nebenstehenden Projektionen des Rössler-Attraktors sind zur Verdeutlichung die Koordinatenachsen eingezeichnet. Das Bild erhält man folgendermaßen:

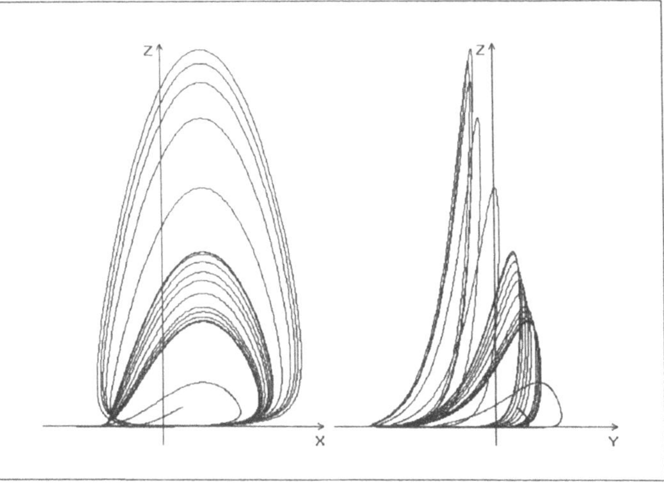


```
SetRect(B,10,10,310,410);
SetRealRect(W,-6,8,-1,20);
Attraktor(DC,W,B,RoesslerfunktionXZ,0.41,0.1,2.1,10000,0);
SetRect(B,320,10,620,410);
SetRealRect(W,-8,6,-1,20);
Attraktor(DC,W,B,RoesslerfunktionYZ,0.41,0.1,2.1,10000,0);
```

Rechts finden Sie die erzeugende Funktion des **Lorenz-Attraktors**. Er wird durch das folgende Gleichungssystem beschrieben (vgl. [1]):

$$\frac{dx}{dt} = a(y - x)$$

$$\frac{dy}{dt} = bx - y - xz$$

$$\frac{dz}{dt} = xy - cz$$

```
PROCEDURE Lorenzfunktion
  (VAR X,Y,Z: REAL;
       a,b,c: REAL);
CONST
  dt = 0.01;
VAR
  dX,dY,dZ: REAL;
BEGIN
  dX := a*(Y-X);
  dY := X*(b-Z)-Y;
  dZ := X*Y-c*Z;
  X := X + dt*dX;
  Y := Y + dt*dY;
  Z := Z + dt*dZ;
END;
```

Der Lorenz-Attraktor kann in zwei Bereiche eingeteilt werden, die, etwas vereinfacht gesprochen, zu beiden Seiten der *Z*-Achse liegen. Meist verweilt die Kurve längere Zeit in einem Bereich, um dann plötzlich und unvorhersehbar die Seite zu wechseln. Dieses "chaotische" Verhalten läßt sich gut auf dem Bildschirm beobachten, wenn man den Parameter *Verzoegerung* im Rezept *Attraktor* geeignet wählt.

Das untenstehende Bild eines Lorenz-Attraktors wurde einschließlich des Achsenkreuzes mit folgenden Befehlen gezeichnet:

```
SetRect(B,10,5,610,405);
SetRealRect(W,-17,20,-1,55);
Achsenkreuz(DC,W,B,7,'X','Z');
Attraktor(DC,W,B,Lorenzfunktion,10,28.5,2.6,3000,4000);
```

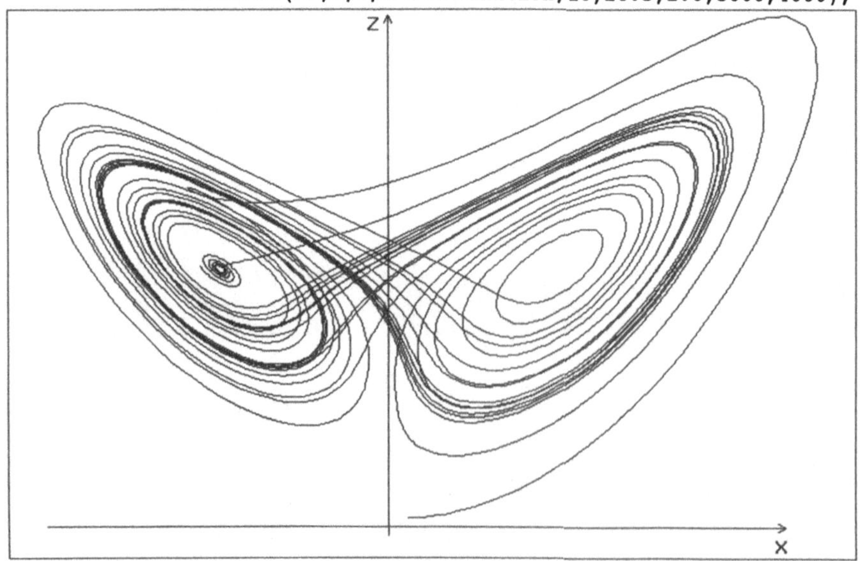

D Drucken

Drucken ist in WINDOWS eine ziemlich komplizierte Angelegenheit. Dazu benötigen Sie einen Druckerkontext, in den Sie wie in einen anderen Gerätekontext (etwa den Bildschirmkontext) zeichnen und schreiben können. Den Druckerkontext erhalten Sie mit dem folgenden Rezept:

```
FUNCTION Druckerkontext_bereitstellen: HDC;
VAR
  Daten: ARRAY[0..80] OF CHAR;
  P2,P3: PChar;
BEGIN
  Druckerkontext_bereitstellen := 0;
  GetProfileString('windows','device','',Daten,Sizeof(Daten));
  P2 := StrScan(Daten,',');
  IF P2=NIL THEN Exit;
  P2^ := #0; Inc(P2);
  P3 := StrScan(P2,',');
  IF P3=NIL THEN Exit;
  P3^ := #0; Inc(P3);
  Druckerkontext_bereitstellen := CreateDC(P2,Daten,P3,NIL);
END;
```

Damit der Inhalt des Druckerkontexts zum Drucker geschickt wird, sind drei *Escape*-Befehle notwendig, wie Sie dem folgenden Beispiel entnehmen können:

```
VAR
  DC: HDC;
  U : TPoint;
  B : TRect;
BEGIN
  DC := Druckerkontext_bereitstellen;
  Escape(DC,StartDoc,0,NIL,NIL); {Ausgabe zum Drucker schicken}
  SetPoint(U,300,200);
  SetRect(B,100,100,500,300);
  Funktionsgraph(DC,U,B,20,20,Sinus);
  MoveLine(DC,B.left,U.Y,B.right,U.Y);
  MoveLine(DC,U.X,B.top,U.X,B.bottom);
  Escape(DC,NewFrame,0,NIL,NIL); {Seitenvorschub}
  Escape(DC,EndDoc,0,NIL,NIL); {Ausgabe fertig}
  DeleteDC(DC);
END;
```

Dieses Programm schickt das obige Bild direkt zum Drucker. Am Schluß dürfen Sie nicht vergessen, den Druckerkontext mit *DeleteDC* wieder freizugeben.

Die Dokumentation zu TURBO-PASCAL für WINDOWS hüllt sich zum Thema "Drucken" in vornehmes Schweigen. Eine ausführliche Darstellung finden Sie in [2].

```
TYPE
  TTextDruck = OBJECT
    DC             : HDC;     {Druckerkontext}
    StartX,StartY: INTEGER; {Druckbeginn}
    Zeilenabstand: INTEGER;
    Y              : INTEGER; {Aktuelle Druckposition}
    PROCEDURE Init(Sx,Sy,Abstand: INTEGER);
    PROCEDURE Done;
    PROCEDURE Zeile(Z: STRING);
    PROCEDURE Seitenvorschub;
  END;
```

Wie bereits aus dem vorhergehenden Rezept ersichtlich ist, benötigt man zum Druck eine ganze Reihe von Aktionen. Diese sind im obigen Kasten zu einem Objekt zusammengefaßt. Die Methoden lauten:

```
PROCEDURE TTextDruck.Init;
BEGIN
  StartX := Sx; StartY := Sy;
  Zeilenabstand := Abstand;
  Y := StartY;
  DC :=
    Druckerkontext_bereitstellen;
  Escape(DC,StartDoc,0,NIL,NIL);
END;
```

```
PROCEDURE TTextDruck.Done;
BEGIN
  Escape(DC,NewFrame,0,NIL,NIL);
  Escape(DC,EndDoc,0,NIL,NIL);
  DeleteDC(DC);
END;

PROCEDURE TTextDruck.Zeile;
BEGIN
  TextOutString(DC,StartX,Y,Z);
  Inc(Y,Zeilenabstand);
END;

PROCEDURE
  TTextDruck.Seitenvorschub;
BEGIN
  Y := StartY;
  Escape(DC,NewFrame,0,NIL,NIL);
END;
```

Die Prozedur *Init* legt die linke obere Ecke des Zeichenbereichs sowie den Zeilenabstand fest, stellt einen Druckerkontext bereit und startet die Übertragung der Daten zum Drucker. *Zeile* schickt eine Zeile, *Seitenvorschub* einen Seitenvorschub zum Drucker. *Done* startet den Druckvorgang und gibt den Druckerkontext wieder frei.

Eine typische Anwendung dieses Rezepts ist das Drucken einer Datei. Das nebenstehende Beispiel zeigt die Vorgangsweise. Die Textdatei DRUTEST.PAS wird Zeile für Zeile gelesen und zum Drucker geschickt; nach jeweils 60 Zeilen wird eine neue Seite begonnen. Gedruckt wird allerdings nicht mit dem aktuellen Bildschirmzeichensatz, sondern mit dem Zeichensatz des *Druckers*.

```
VAR
  Druck   : TTextDruck;
  Zaehler: INTEGER;
  Datei   : TEXT;
  Z       : STRING;
BEGIN
  Assign(Datei,'DRUTEST.PAS'); Reset(Datei);
  Druck.Init(200,100,36);
  Zaehler := 0;
  WHILE NOT Eof(Datei) DO
    WITH Druck DO BEGIN
      Inc(Zaehler);
      Readln(Datei,Z);
      Zeile(Z);
      IF Zaehler=60 THEN BEGIN
        Seitenvorschub; Zaehler := 0;
      END; {IF}
    END; {WITH}
  Druck.Done; Close(Datei);
END;
```

Das Objekt *TTextDruck* des vorhergehenden Rezepts kann auch zum gemischten Drucken von Text und Zeichnungen verwendet werden. Das Feld *Y* dient dabei zur Verwaltung der vertikalen Druckposition.

Beim Schreiben einer Textzeile mit *TTextDruck.Zeile* wird *Y* automatisch um eine Zeile nach unten verschoben. Wenn Sie eine Zeichnung drucken, müssen Sie deren Position auf dem Blatt selbst festlegen. Um unter der Zeichnung wieder Text zu drucken, müssen Sie *Y* neu bestimmen, etwa mit dem Befehl

```
Inc(Y,H);
```

dabei ist *H* die Höhe der Zeichnung in Pixeln.

Das nebenstehende Bild ist ein Beispiel für die gemischte Ausgabe von Text und Grafik auf dem Drucker. Der Text kann je nach Typ und Einstellung des Druckers unterschiedlich aussehen. Folgendes Programm führte zu diesem Druckbild:

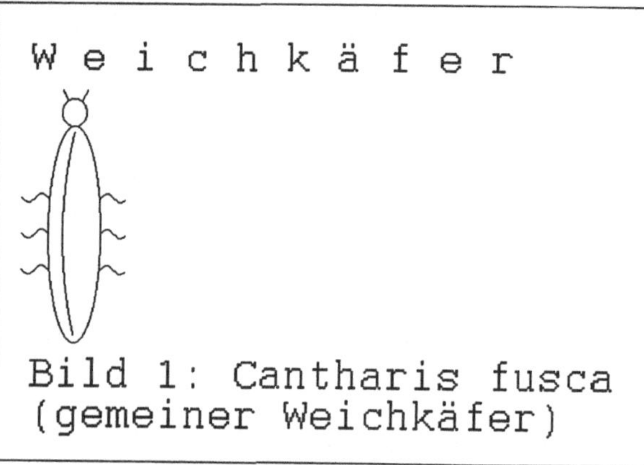


```
CONST
  A = 25;
  B = 100;
VAR
  H     : INTEGER;
  Druck: TTextDruck;
BEGIN
  Druck.Init(100,10,48);
  Druck.Zeile('W e i c h k ä f e r');
  H := 10 + 3*A DIV 2 + B; {Y-Koordinate des Käfers}
  Kaefer(Druck.DC,Druck.StartX+2*A,Druck.Y+H,A,B);
  H := H + B + 10; {Höhe des Käfers}
  Inc(Druck.Y,H); {Vertikale Textposition}
  Druck.Zeile('Bild 1: Cantharis fusca');
  Druck.Zeile('(gemeiner Weichkäfer)');
  Druck.Done;
END;
```

Die beschriebene Vorgangsweise hat zwei wesentliche Nachteile. Die Zeichnungen werden pixelweise gedruckt, sind also meist ziemlich klein. Zudem wird der Text mit dem Zeichensatz des Druckers gedruckt, paßt also i.a. nicht zur Zeichnung: das Druckergebnis sieht anders aus als ein mit denselben Befehlen erzeugtes Schirmbild. Abhilfe schafft hier das nächste Rezept.

Will man Texte und Grafiken gemeinsam drucken, so sollte man nicht direkt in den Druckerkontext schreiben, weil dann nicht die Bildschirmschrift, sondern die aktuelle Druckerschrift verwendet wird. Das vorliegende Rezept stellt einen Speicherkontext bereit, in den man wie in den Bildschirm schreiben und zeichnen kann.

```
TDruck = OBJECT(TTextDruck)
  Breite: INTEGER;
  Hoehe : INTEGER;
  Bitmap: HBitmap;
  MDC   : HDC;
  PROCEDURE Init
    (Schirm         : HDC;
     Sx,Sy,Abstand: INTEGER;
     B,H            : INTEGER);
  PROCEDURE Done(Mx,My: REAL);
  PROCEDURE Zeile(Z: STRING);
  PROCEDURE Seitenvorschub;
END;
```

```
PROCEDURE TDruck.Init;
BEGIN
  TTextDruck.Init
    (Sx,Sy,Abstand);
  Breite := B+Sx;
  Hoehe := H+Sy;
  Bitmap :=
    CreateCompatibleBitmap
      (Schirm,Breite,Hoehe);
  MDC :=
    CreateCompatibleDC(Schirm);
  SelectObject(MDC,Bitmap);
  BitBlt(MDC,0,0,Breite,Hoehe,
    Schirm,Breite,Hoehe,
    Whiteness);
END;
```

```
PROCEDURE TDruck.Done;
BEGIN
  StretchBlt(DC,0,0,
    IntRound(Mx*Breite),
    IntRound(My*Hoehe),
    MDC,0,0,Breite,Hoehe,
    SrcCopy);
  DeleteDC(MDC);
  DeleteObject(Bitmap);
  TTextDruck.Done;
END;

PROCEDURE TDruck.Zeile;
BEGIN
  TextOutString(MDC,StartX,Y,Z);
  Inc(Y,Zeilenabstand);
END;

PROCEDURE TDruck.Seitenvorschub;
BEGIN
END;
```

Das Objekt *TDruck* ist ein Nachkomme von *TTextDruck* und ist ähnlich zu verwenden. *Schirm* ist der Bildschirmkontext. *B* und *H* bestimmen den Bereich, in den gezeichnet werden kann; man wählt sie möglichst klein, damit der Programmlauf nicht zu lange dauert. *Seitenvorschub* hat keine Funktion und ersetzt daher den Vorgänger. Gezeichnet wird in den Speicherkontext *MDC*.

Der nebenstehende Ausdruck, bestehend aus einer Textzeile, einer Grafik und zwei weiteren Textzeilen, wird so erhalten:

```
VAR
  SDC: HDC; Druck: TDruck;
BEGIN
  SDC := GetDC(HWindow);
  Druck.Init(SDC,100,10,24,226,400);
  Druck.Zeile('T a s t a t u r e n');
  Tastenfeld
    (Druck.MDC,Druck.StartX,Druck.Y,75);
  Inc(Druck.Y,310);
  Druck.Zeile('Bild 1: Telefon');
  Druck.Zeile('(veraltet)');
  Druck.Done(2,2);
  ReleaseDC(SDC,HWindow);
END;
```

Mit dem vorhergehenden Rezept ist es ganz einfach, einen rechteckigen Ausschnitt des Bildschirms zum Drucker zu schicken; die folgende Prozedur erledigt das:

```
PROCEDURE Bildschirmbereich_drucken
   (Schirm : HDC;
    Bereich: TRect;
    Mx,My  : REAL);
VAR
  Druck: TDruck;
BEGIN
  WITH Bereich DO Druck.Init(Schirm,0,0,0,right-left,bottom-top);
  WITH Bereich DO
    BitBlt(Druck.MDC,0,0,right-left,bottom-top,
      Schirm,left,top,SrcCopy);
  Druck.Done(Mx,My);
END;
```

Bereich gibt den Ausschnitt des Bildschirms an, der gedruckt wird. Die Maßstabsfaktoren *Mx* und *My* bestimmen die Größe des Drucks. Bei $Mx = My = 1$ wird der Ausschnitt pixelweise gedruckt; mit anderen Werten kann das Druckbild in waagrechter und senkrechter Richtung beliebig gedehnt (> 1) oder gestaucht (< 1) werden.

Eine typische Anwendung ist eine **Hardcopy** des Fensters. Dazu muß man mit *GetClientRect* den Parameter *Bereich* gleich dem Client-Bereich des Fensters *HWindow* setzen. Wenn das aktive Fenster wie nebenstehend aussieht, wird mit dem folgenden Programm der Client-Bereich (nicht aber Titelleiste, Menü und Rollbalken) um den Maßstab 2,5 vergrößert gedruckt:

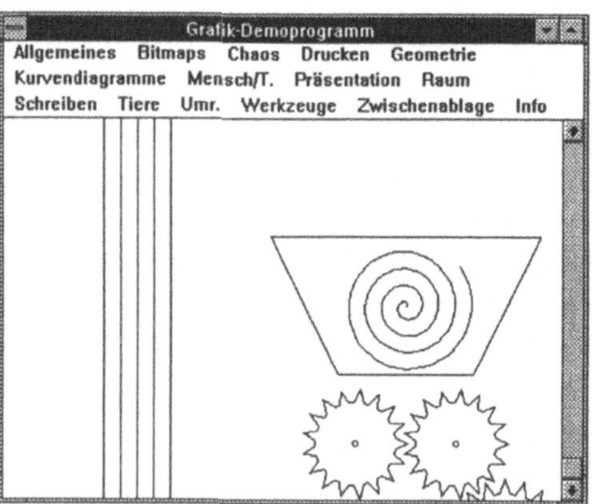


```
VAR
  DC: HDC;
  B : TRect;
BEGIN
  DC := GetDC(HWindow);
  GetClientRect(HWindow,B);
  Bildschirmbereich_drucken(DC,B,2.5,2.5);
  ReleaseDC(HWindow,DC);
END;
```

Die obige Anwendung druckt nur den Client-Bereich des Fensters. Sie können auch andere Teile des Fensters (etwa die Bildlaufleisten oder die Titelzeile) drucken, wenn Sie das Rechteck *B* entsprechend erweitern.

G Geometrische Figuren

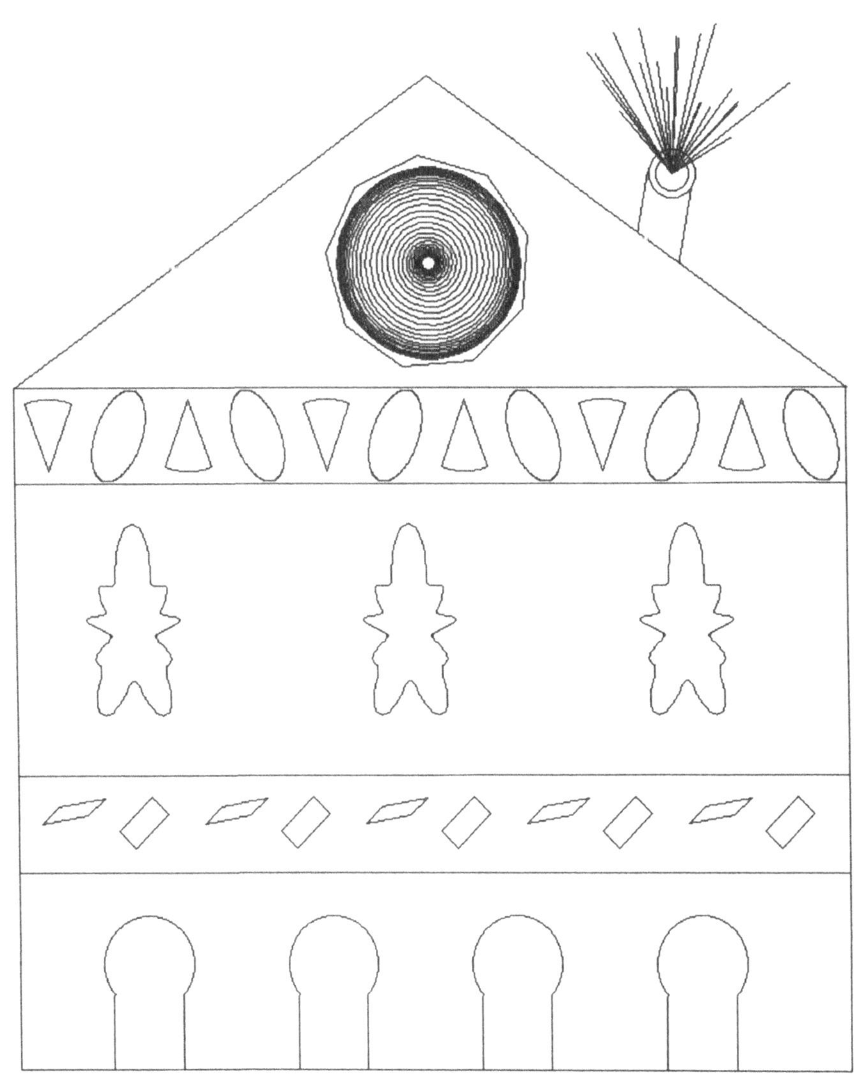

Um eine **Gerade** mit Hilfe der Prozedur *LineTo* zu zeichnen, braucht man die Koordinaten des Anfangs- und des Endpunktes. Kennt man anstelle des Endpunkts nur die Länge und den Neigungswinkel, so muß man mit trigonometrischen Funktionen die Koordinaten des Endpunkts berechnen und die Linie zeichnen. Das folgende Programm erledigt diese Arbeit:

```
PROCEDURE LineWinkel
  (Kontext: HDC;
   X,Y     : INTEGER; {Startpunkt der Geraden}
   L       : INTEGER; {Länge der Geraden}
   W       : INTEGER);{Neigungswinkel der Geraden}
VAR
  Rx,Ry: REAL;
BEGIN
  VerschiebePunktReal(X,Y,L,W,Rx,Ry); {Rezept A.3}
  MoveLine(Kontext,X,Y,IntRound(Rx),IntRound(Ry)); {Rezept A.2}
END;
```

Der Winkel *W* ist in Zehntelgrad von der Waagrechten aus im Gegenuhrzeigersinn anzugeben. Als Länge *L ist* auch ein negativer Wert zulässig; dann wird die Gerade in der Gegenrichtung gezeichnet.

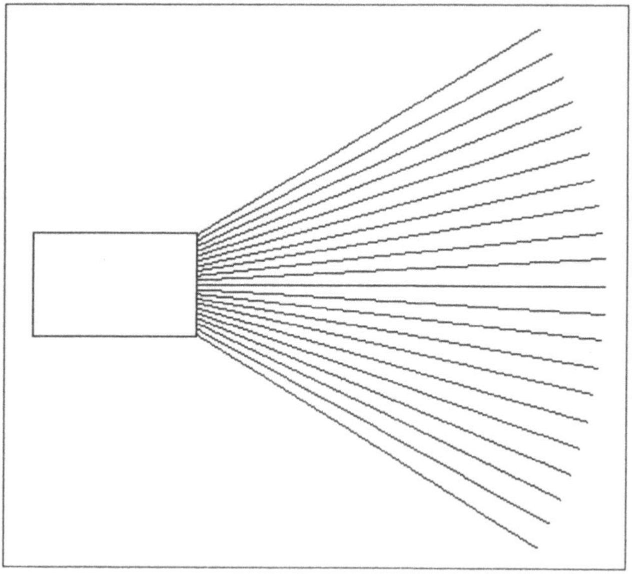

Eine typische Anwendung dieses Rezepts ist eine Schar von Geraden, die fächerförmig von einem einzigen Punkt ausgehen. Beispielsweise zeichnen Sie einen Gamsbart (oder Rasierpinsel) wie folgt in ein Fenster:

```
VAR
  DC: HDC;
  i : INTEGER;
BEGIN
  DC := GetDC(HWindow);
  FOR i:=-10 TO 10 DO
    LineWinkel(DC,100,200,300,30*i);
  Rectangle(DC,100-50,200-30,100+51,200+31);
  ReleaseDC(HWindow,DC);
END;
```

Ein **Parallelogramm** kann man leicht mit *Polygon* zeichnen, wenn man die Eckpunkte kennt. Bei einem Parallelogramm, das irgendwie schief in der Ebene liegt, kennt man eher die Koordinaten einer Ecke, die Seitenlängen und die Winkel. Daraus hat man dann mühsam die Eckpunkte zu berechnen und das Parallelogramm zu zeichnen. Diese Arbeit erledigt das folgende Rezept:

```
PROCEDURE Parallelogramm
  (Kontext: HDC;
   X,Y    : INTEGER;   {Ursprung}
   A,B    : INTEGER;   {Seitenlängen}
   alpha  : INTEGER;   {Winkel zur Waagrechten in Zehntelgrad}
   beta   : INTEGER);  {Winkel im Parallelogramm in Zehntelgrad}

  PROCEDURE Lade
    (var P    : TPoint;
         Px,Py: REAL);
  BEGIN
    SetPoint(P,IntRound(Px),IntRound(Py)); {Rezepte U.2, A.1}
  END;

VAR
  Punkte: ARRAY[0..3] OF TPoint;
  Rx,Ry : REAL;
BEGIN
  Lade(Punkte[0],X,Y);
  VerschiebePunktReal(X,Y,A,alpha,Rx,Ry);
  Lade(Punkte[1],Rx,Ry);
  VerschiebePunktReal(Rx,Ry,B,alpha+beta,Rx,Ry);
  Lade(Punkte[2],Rx,Ry);
  VerschiebePunktReal(X,Y,B,alpha+beta,Rx,Ry);
  Lade(Punkte[3],Rx,Ry);
  Polygon(Kontext,Punkte,4);
END;
```

Das Parallelogramm wird mit dem aktiven Stift gezeichnet und mit dem aktiven Pinsel ausgefüllt. Die Bedeutung der Parameter ist aus dem Anwendungsbeispiel ersichtlich:

Das nebenstehende Parallelogramm mit den Kennwerten $A = 250$, $B = 100$, $\alpha = 30°$, $\beta = 50°$ zeichnet man mit folgendem Programm in ein Fenster (zur Verdeutlichung sind Ursprung, Winkel und Seitenlängen eingezeichnet):

```
VAR
  DC: HDC;
BEGIN
  DC := GetDC(HWindow);
  Parallelogramm(DC,
    100,250,250,100,300,500);
  ReleaseDC(HWindow,DC);
END;
```

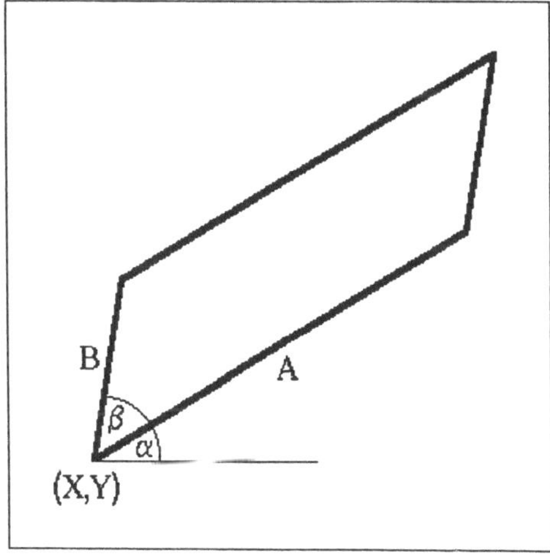

Ein schiefes **Rechteck** kann auf ein Parallelogramm (Rezept G.2) zurückgeführt werden. Ursprung, Seitenlängen und Winkel ersehen Sie aus dem Bild weiter unten auf dieser Seite. Das Rezept lautet:

```
PROCEDURE Rechteck
  (Kontext: HDC;
   X,Y    : INTEGER;  {Ursprung}
   A,B    : INTEGER;  {Seitenlängen}
   alpha  : INTEGER); {Winkel zur Waagrechten in Zehntelgrad}
BEGIN
  Parallelogramm(Kontext,X,Y,A,B,alpha,900);
END;
```

Das Rechteck wird mit dem aktiven Stift gezeichnet und mit dem aktiven Pinsel ausgefüllt.

Das nebenstehende Rechteck mit dem Winkel $\alpha = 30°$ zeichnet man mit folgendem Programm in ein Fenster; zur Verdeutlichung sind wieder Ursprung, Seitenlängen und Winkel eingetragen:

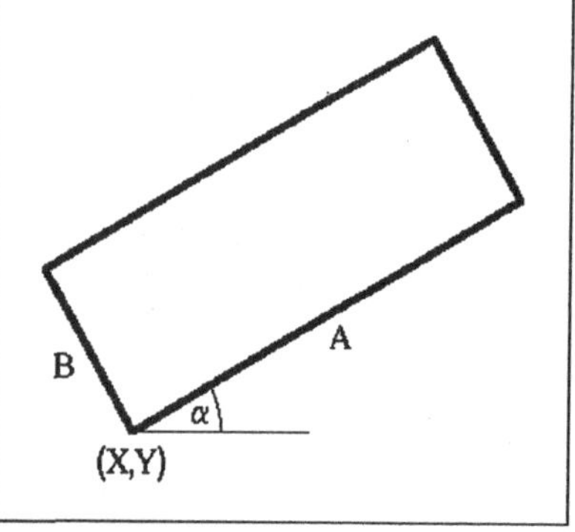


```
VAR
  DC: HDC;
BEGIN
  DC := GetDC(HWindow);
  Rechteck(DC,100,250,250,100,300);
  ReleaseDC(HWindow,DC);
END;
```

Ein regelmäßiges **Vieleck** ist durch den Ursprung und den Radius des Umkreises, die Anzahl der Ecken und einen Startwinkel festgelegt. Mit der folgenden Prozedur können Sie es zeichnen:

```
PROCEDURE Vieleck
  (Kontext: HDC;
   X,Y    : INTEGER; {Ursprung}
   R      : INTEGER; {Radius des Umkreises}
   alpha  : INTEGER; {Startwinkel}
   Ecken  : BYTE);   {Anzahl der Ecken}
VAR
  Punkte: ARRAY[1..255] OF TPoint;
  W,dW  : REAL;
  Px,Py : REAL;
  i     : BYTE;
BEGIN
  dW := 3600/Ecken;
  W := alpha;
  FOR i:=1 TO Ecken DO BEGIN
    VerschiebePunktReal(X,Y,R,IntRound(W),Px,Py);
    SetPoint(Punkte[i],IntRound(Px),IntRound(Py));
    W := W+dW;
  END; {FOR}
  Polygon(Kontext,Punkte,Ecken);
END;
```

Das Vieleck wird mit dem aktiven Stift gezeichnet und mit dem aktiven Pinsel ausgefüllt.

Das nebenstehende regelmäßige Siebeneck mit dem Startwinkel $\alpha = 20°$ erhält man wie folgt:

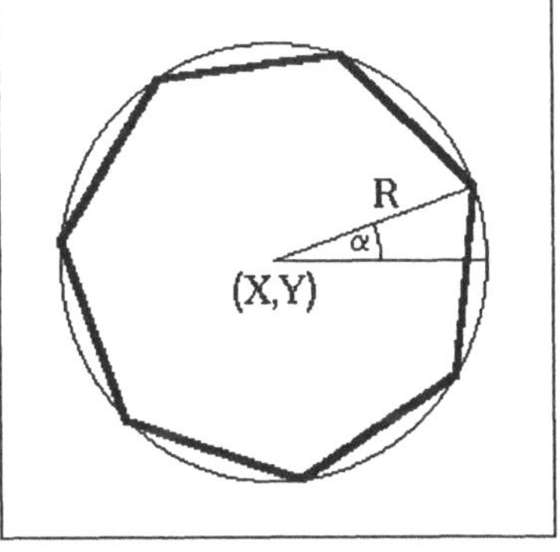


```
VAR
  DC: HDC;
BEGIN
  DC := GetDC(HWindow);
  Vieleck(DC,200,200,100,200,7);
  ReleaseDC(HWindow,DC);
END;
```

Zur Verdeutlichung sind der Umkreis und der Startwinkel eingezeichnet.

Das Ausfüllen mit dem aktiven Pinsel können Sie leicht verhindern, wenn Sie das Vieleck mit der Standardfunktion *PolyLine* zeichnen. Um einen geschlossenen Linienzug zu erhalten, müssen Sie den Endpunkt gleich dem Anfangspunkt setzen. Dazu ersetzen Sie im Rezept die Zeile

```
Polygon(Kontext,Punkte,Ecken);
```

durch die beiden Befehle

```
Punkte[Ecken+1] := Punkte[1];
PolyLine(Kontext,Punkte,Ecken+1);
```

Mit der Standardfunktion *Arc* kann man einen **Kreisbogen** zeichnen, wenn man neben den Endpunkten auch das Rechteck kennt, in dem der Kreisbogen liegen soll. Es genügt jedoch, neben den Endpunkten noch den Radius des Kreises anzugeben; das folgende Rezept berechnet daraus das umschließende Rechteck und zeichnet dann den Kreisbogen:

```
PROCEDURE Kreisbogen
  (Kontext    : HDC;
   X1,Y1,X2,Y2: LONGINT;  {Endpunkte}
   R          : LONGINT); {Radius}
VAR
  Xm,Ym,h2: REAL;
  h,W     : INTEGER;
BEGIN
  Xm := (X1+X2)/2; Ym := (Y1+Y2)/2;
  h2 := Sqr(R) - (Sqr(X1-X2) + Sqr(Y1-Y2))/4;
  IF h2<0 THEN Exit;
  h := IntRound(Sqrt(h2));
  IF Y1=Y2 THEN BEGIN
    IF X1>X2 THEN W := -900 ELSE W := 900
  END
  ELSE
    W := IntRound(ArcTan((X1-X2)/(Y1-Y2))/PiZehntelgrad);
  IF Y1>Y2 THEN h := -h;
  IF R<0 THEN h := -h;
  VerschiebePunktReal(Xm,Ym,h,W,Xm,Ym);
  Arc(Kontext,IntRound(Xm-R),IntRound(Ym-R),IntRound(Xm+R+1),
    IntRound(Ym+R+1),X1,Y1,X2,Y2);
END;
```

Sind die Endpunkte und der Radius vorgegeben, so gibt es im allgemeinen vier Möglichkeiten, einen passenden Kreisbogen zu zeichnen. Bei positivem Radius wird ein kurzer Kreisbogen gezeichnet, bei negativem Radius ein langer. Der Zeichenvorgang erfolgt immer von (X1,Y1) nach (X2,Y2) im Gegenuhrzeigersinn; durch Vertauschen der Endpunkte wird also der Kreisbogen an der Verbindungsgeraden gespiegelt.

Der Kreisbogen wird mit dem aktuellen Stift gezeichnet.

Das nebenstehende Bild zeigt diese vier Möglichkeiten. Sie werden durch die Befehle

```
Kreisbogen(DC,
  100,200,60,175,50);
Kreisbogen(DC,
  100,200,60,175,-50);
Kreisbogen(DC,
  60,175,100,200,50);
Kreisbogen(DC,60,175,100,200,-50);
```

(im Bild von links nach rechts) erhalten.

Einen **Kreissektor** kann man leicht mit *Pie* zeichnen, wenn man das umschriebene Rechteck und jeweils einen Punkt auf den Verbindungsgeraden kennt. Häufig (etwa beim Zeichnen einer Tortengrafik) kennt man jedoch den Mittelpunkt, den Radius und zwei Winkel. Das folgende Rezept zeichnet mit diesen Angaben einen Kreissektor:

```
PROCEDURE Sektor
  (Kontext: HDC;
   X,Y     : INTEGER;   {Ursprung}
   R       : INTEGER;   {Radius}
   alpha   : INTEGER;   {Winkel zur Waagrechten in Zehntelgrad}
   beta    : INTEGER);  {Sektorwinkel}
VAR
  X1,Y1,X2,Y2: REAL;
BEGIN
  VerschiebePunktReal(X,Y,R,alpha,X1,Y1);
  VerschiebePunktReal(X,Y,R,alpha+beta,X2,Y2);
  Pie(Kontext,X-R,Y-R,X+R+1,Y+R+1,
    IntRound(X1),IntRound(Y1),IntRound(X2),IntRound(Y2));
END;
```

Der Sektor wird mit dem aktuellen Stift gezeichnet und mit dem aktuellen Pinsel ausgefüllt. Die Bedeutung der übergebenen Parameter ist aus dem Anwendungsbeispiel ersichtlich:

Den nebenstehenden Kreissektor mit den Kennwerten $R = 200$, $\alpha = 45°$ und $\beta = 70°$ zeichnet man mit dem folgenden Programm in ein Fenster:

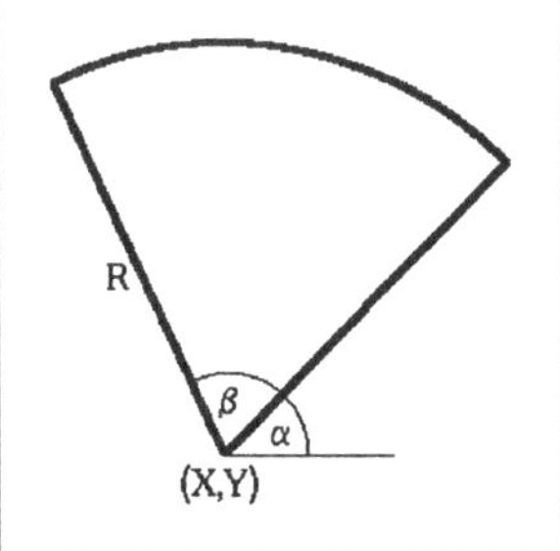


```
VAR
  DC: HDC;
BEGIN
  DC := GetDC(HWindow);
  Sektor(DC,200,250,200,450,700);
  ReleaseDC(HWindow,DC);
END;
```

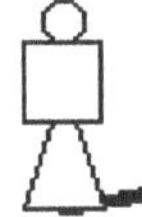

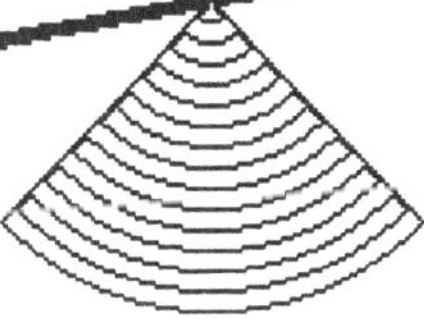

Ein **Kreissegment** entsteht aus einem Kreisbogen (vgl. Rezept G.5), indem man die Endpunkte mit einer Geraden verbindet und das Innere dieser Figur mit dem aktuellen Pinsel ausfüllt. Mit der Standardfunktion *Chord* kann man ein Kreissegment zeichnen, wenn man neben den Endpunkten auch das Rechteck kennt, in dem das Kreissegment liegen soll. Es genügt jedoch, neben den Endpunkten noch den Radius des Kreises anzugeben. Das folgende Rezept berechnet daraus das umschließende Rechteck und zeichnet dann ein Kreissegment:

```
PROCEDURE Segment
  (Kontext      : HDC;
   X1,Y1,X2,Y2: LONGINT;   {Endpunkte}
   R            : LONGINT); {Radius}
VAR
  Xm,Ym,h2: REAL;
  h,W     : INTEGER;
BEGIN
  Xm := (X1+X2)/2; Ym := (Y1+Y2)/2;
  h2 := Sqr(R) - (Sqr(X1-X2) + Sqr(Y1-Y2))/4;
  IF h2<0 THEN Exit;
  h := IntRound(Sqrt(h2));
  IF Y1=Y2 THEN BEGIN
    IF X1>X2 THEN
      W := -900
    ELSE
      W := 900
  END
  ELSE
    W := IntRound(ArcTan((X1-X2)/(Y1-Y2))/PiZehntelgrad); {A.1}
  IF Y1>Y2 THEN h := -h;
  IF R<0 THEN h := -h;
  VerschiebePunktReal(Xm,Ym,h,W,Xm,Ym); {Rezept A.3}
  Chord(Kontext,IntRound(Xm-R),IntRound(Ym-R),
    IntRound(Xm+R+1),IntRound(Ym+R+1),X1,Y1,X2,Y2);
END;
```

Wie beim Kreisbogen gibt es vier verschiedene Möglichkeiten, ein Kreissegment durch zwei Punkte zu zeichnen. Die Regeln sind dieselben wie dort. Das Segment wird mit dem aktiven Stift gezeichnet und mit dem aktiven Pinsel ausgefüllt.

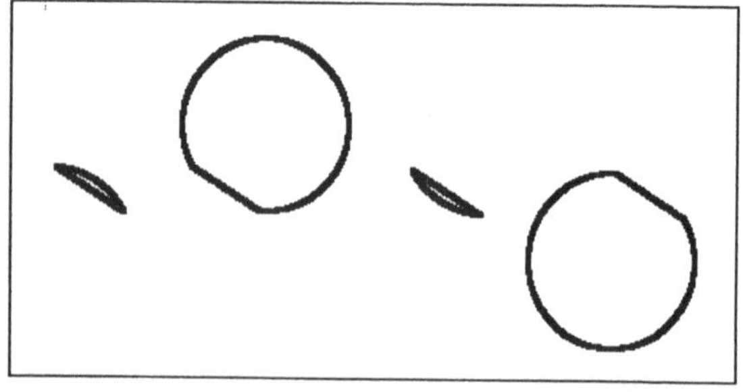

Das nebenstehende Bild zeigt diese vier Möglichkeiten. Sie werden durch die Befehle

```
Segment(DC,
  100,200,60,175,50);
Segment(DC,
  100,200,60,175,-50);
Segment(DC,
  60,175,100,200,50);
Segment(DC,60,175,100,200,-50);
```

(im Bild von links nach rechts) gezeichnet.

Mit der Standardprozedur *Ellipse* lassen sich schöne waagrechte und senkrechte **Ellipsen** zeichnen. Häufig möchte man jedoch Ellipsen, die schräg liegen. Das ist recht aufwendig; das folgende Rezept hilft hier weiter:

```
VAR
  EWA,EWB: INTEGER;
  EWPh   : REAL;

FUNCTION EWX(T: REAL): REAL; FAR;
BEGIN
  EWX := EWA*cos(T)*cos(EWPh) - EWB*sin(T)*sin(EWPh);
END;

FUNCTION EWY(T: REAL): REAL; FAR;
BEGIN
  EWY := EWA*cos(T)*sin(EWPh) + EWB*sin(T)*cos(EWPh);
END;

PROCEDURE EllipseWinkel
  (Kontext: HDC;
   X,Y    : INTEGER;  {Ursprung}
   A,B    : INTEGER;  {Halbachsen}
   alpha  : INTEGER); {Winkel zur Waagrechten in Zehntelgrad}
VAR
  U: TPoint; D: TRect; C: INTEGER;
BEGIN
  SetPoint(U,X,Y);
  IF A<B THEN C := B+1 ELSE C := A+1;
  SetRect(D,X-C,Y-C,X+C,Y+C);
  EWA := A; EWB := B; EWPh := PiZehntelgrad*alpha;
  FunktionsgraphParameter(Kontext,U,D,0,2*Pi,200,1,1,EWX,EWY);
END;
```

Die Ellipse wird mit dem aktuellen Stift gezeichnet; das Innere wird nicht ausgefüllt.

Die Variablen und die beiden Funktionen sind Bestandteile von *EllipseWinkel* und sollten daher bei einem sauberen Programm lokal innerhalb dieser Prozedur liegen. Leider ist der Compiler damit nicht einverstanden, da es sich bei *EWX* und *EWY* um Prozedurvariable handelt. Sie dürfen jedoch im Implementationsteil der betreffenden Unit stehen, so daß sie nach außen hin nicht in Erscheinung treten.

Mit diesem Rezept ist es einfach, die nebenstehende Ellipse zu zeichnen. Zur Verdeutlichung sind zusätzlich die Achsen und der Winkel zur Waagrechten eingezeichnet:

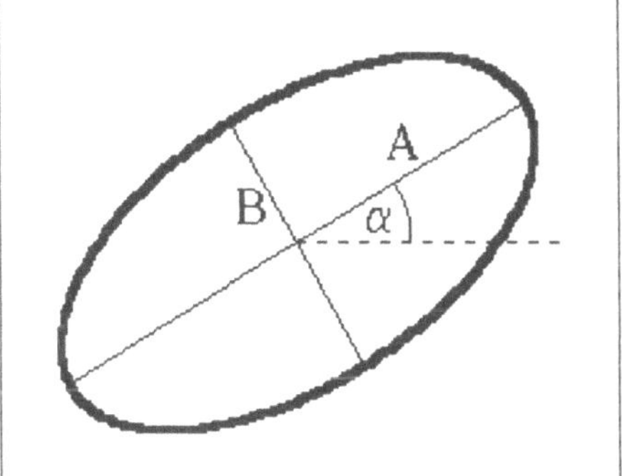


```
EllipseWinkel
  (DC,150,150,100,50,300);
```

DC ist dabei der Bildschirmkontext.

Mit der nebenstehenden Prozedur können **Spiralen** gezeichnet werden. *U* ist der Koordinatenursprung, *Dmin* und *Dmax* geben die Nummer der Rotation an, bei der die Zeichnung beginnt bzw. endet. Diese können auch negativ sein; dann wird die Spirale rechtswendig. Immer muß |*Dmax*| > |*Dmin*| gelten. *B* und *H* bedeuten die halbe Breite bzw. Höhe des Rechtecks, in das die Spirale gezeichnet wird. *Exponent* bestimmt die Windungsabstände. Zu den Funktionen *FLn* und *FExp* vgl. Rezept A.1 (Gleitkommafehler).

```
VAR SpEx: REAL;

FUNCTION SpPotenz(X: REAL): REAL; FAR;
BEGIN
  SpPotenz := FExp(SpEx*FLn(X));
END;

PROCEDURE Spirale
  (Kontext        : HDC;
   U              : TPoint;
   Dmin,Dmax      : REAL;
   Schritte,B,H   : INTEGER;
   Exponent       : REAL);
VAR
  S: TRect; Phi: REAL;
BEGIN
  SpEx := Exponent;
  Phi := SpPotenz(2*Pi*Dmax);
  SetRect(S,U.X-B,U.Y-H,U.X+B,U.Y+H);
  FunktionsgraphPolar(Kontext,U,S,
    2*Pi*Dmin,2*Pi*Dmax,Schritte,
    B/Phi,H/Phi,SpPotenz); {K.3}
END;
```

Mit *Exponent* > 1 erhält man eine Spirale mit zunehmenden Abständen. Bei der nebenstehenden Spirale wurden das Koordinatenkreuz und das umschließende Rechteck dazugezeichnet; man erhält sie wie folgt:

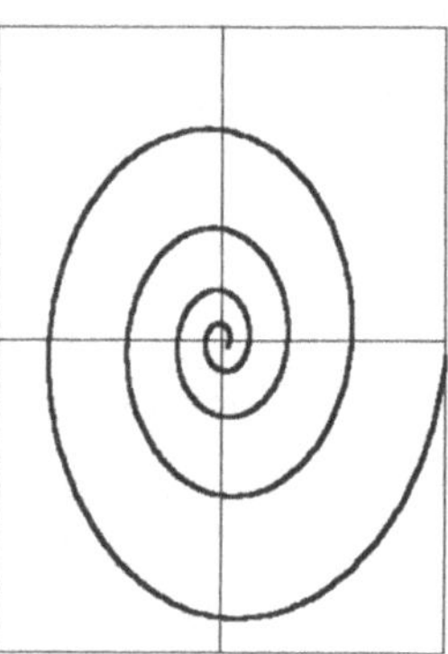

```
Spirale(DC,U,1.9,6,1000,Breite,Hoehe,3);
```

Exponent = 1 ergibt eine **Archimedische Spirale** (konstante Abstände; links unten); bei *Dmax* < 0 ist sie rechtswendig:

```
Spirale(DC,U,0,-15,2000,200,200,1);
```

Die sich verengende Spirale rechts unten erhält man so:

```
Spirale(DC,U,-0.5,15,3000,250,180,0.2);
```

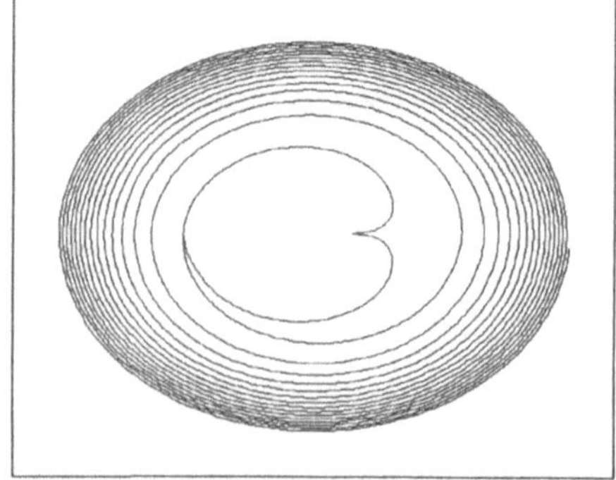

Eine **logarithmische Spirale** wird in Polarkoordinaten durch die Gleichung $\rho = e^{n\varphi}$ beschrieben und kann mit der nebenstehenden Prozedur *SpiraleLog* gezeichnet werden. Die Parameter haben dieselbe Bedeutung wie bei Rezept G.9; ihre Wirkung auf die Gestalt der Spiralen ist jedoch etwas anders. Die Abstände nehmen nach außen hin immer zu. Eine linkswendige Spirale erhält man für *Dmin* < *Dmax* und *Exponent* > 0. Je größer *Exponent* ist, desto größer ist die Zunahme der Abstände. Der Hauptteil der Spirale konzentriert sich dann im Mittelpunkt, so daß dort keine Auflösung mehr erkennbar ist (Bild links unten). Für kleine Werte von *Exponent* konzentriert sich der Hauptteil der Spirale im Randbereich (Bild rechts unten); für *Exponent* = 0 erhält man eine Ellipse. Um eine rechtswendige Spirale zu erhalten, hat man die Vorzeichen von *Dmin*, *Dmax* und *Exponent* gleichzeitig umzudrehen (Bild rechts unten).

```
VAR SpLogEx: REAL;

FUNCTION SpLog(X: REAL): REAL; FAR;
BEGIN SpLog := FExp(SpLogEx*X); END;

PROCEDURE SpiraleLog
  (Kontext      : HDC;
   U            : TPoint;
   Dmin,Dmax    : REAL;
   Schritte,B,H: INTEGER;
   Exponent     : REAL);
VAR
  S : TRect; Phi: REAL;
BEGIN
  SpLogEx := Exponent;
  Phi := SpLog(2*Pi*Dmax);
  SetRect(S,U.X-B,U.Y-H,U.X+B,U.Y+H);
  FunktionsgraphPolar
    (Kontext,U,S,2*Pi*Dmin,2*Pi*Dmax,
      Schritte,B/Phi,H/Phi,SpLog);
END;
```

Die drei gezeichneten Spiralen (in der Reihenfolge rechts, unten links, unten rechts) erhält man durch folgende Aufrufe:

```
SpiraleLog
  (DC,U,-3,5,1000,250,180,0.05);
SpiraleLog
  (DC,U,-3,5,2500,250,180,0.75);
SpiraleLog
  (DC,U,3,-5,1000,250,180,-0.007);
```

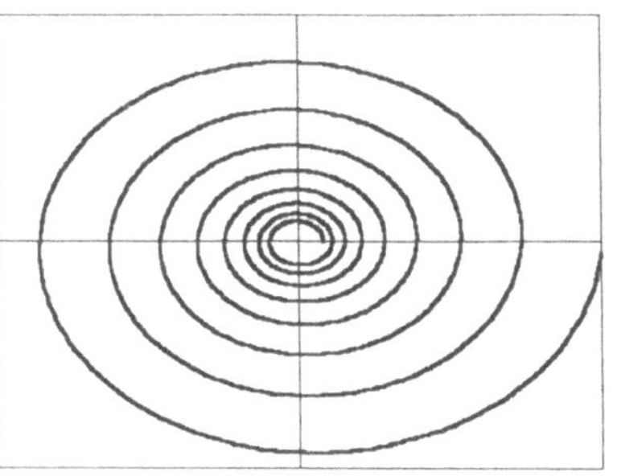

Zur Verdeutlichung sind Koordinaten und umschriebenes Rechteck eingezeichnet.

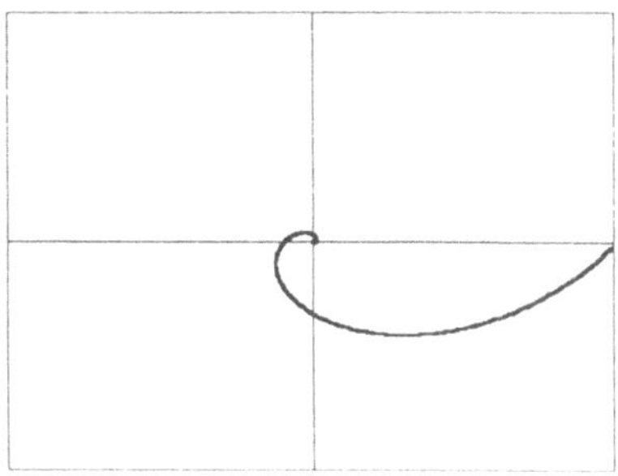

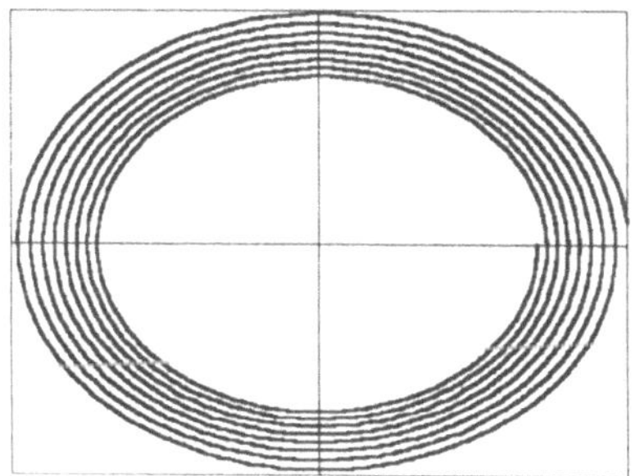

Eine weitere Sorte von Spiralen erhält man, wenn man die Funktion

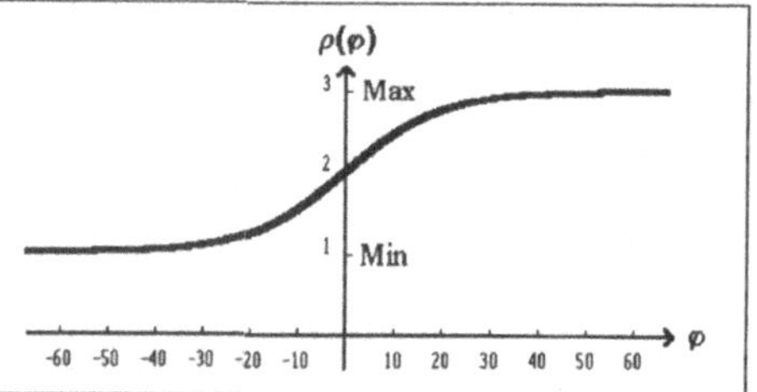

$$\rho = Min + \frac{Max - Min}{1 + \exp\left(\frac{-4 \times Steigung}{Max\text{-}Min}\,\varphi\right)}$$

zu ihrer Erzeugung verwendet; rechts oben ist ein Graph dieser Funktion zu sehen. Rechts unten finden Sie das zugehörige Rezept. Die Spirale liegt ganz in einem durch *Min* und *Max* begrenzten Bereich; für den Fall $0 < Min < Max$ sind die Größenverhältnisse dem unteren Bild zu entnehmen. Für $Min = 0$ schrumpft die innere Grenze auf den Ursprung zusammen; negative *Min* sind ebenfalls zulässig. Für $Dmin < Dmax$ erhält man eine linkswendige, für $Dmin > Dmax$ eine rechtswendige Spirale. Je größer *Steigung* gewählt wird, desto größer sind die Spiralabstände in der Mitte des Bereichs.

```
VAR
  SpTanhMin, SpTanhDelta: REAL;
  SpTanhExponent        : REAL;
FUNCTION SpTanh(X: REAL): REAL; FAR;
BEGIN
  SpTanh := SpTanhMin +
    SpTanhDelta/(1+FExp(SpTanhExponent*X));
END;
PROCEDURE SpiraleTanh
  (Kontext           : HDC;
   U                 : TPoint;
   Dmin,Dmax,Min,Max: REAL;
   Schritte,B,H      : INTEGER;
   Steigung          : REAL);
VAR
  S: TRect;
BEGIN
  SpTanhMin := Min;
  SpTanhDelta := Max - min;
  SpTanhExponent := -4*Steigung/SpTanhDelta;
  SetRect(S,U.X-B-2,U.Y-H-2,U.X+B+2,U.Y+H+2);
  FunktionsgraphPolar(Kontext,U,S,2*Pi*Dmin,
    2*Pi*Dmax,Schritte,B/Max,H/Max,SpTanh);
END;
```

Bei der nebenstehenden Spirale wurden das umschriebene Rechteck und die Koordinatenachsen eingezeichnet. Man erhält sie wie folgt:

```
VAR
  DC: HDC;
  U : TPoint;
BEGIN
  DC := GetDC(HWindow);
  SetPoint(U,300,200);
  SpiraleTanh(DC,U,-20,40,
    1,3,5000,250,180,0.02);
  ReleaseDC(HWindow,DC);
END;
```

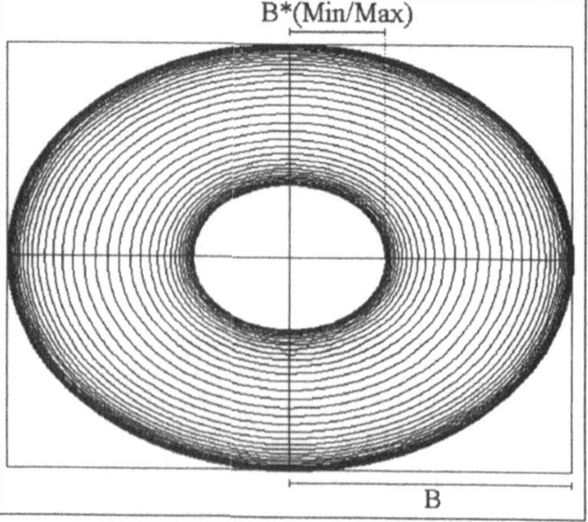

Ein **Stern** ist im Prinzip ein regelmäßiges Vieleck. Jedoch werden nicht benachbarte Punkte miteinander verbunden, sondern weiter auseinanderliegende. Der Einfachheit halber verbindet das folgende Rezept jeweils die übernächsten Eckpunkte miteinander:

```
PROCEDURE Stern
  (Kontext: HDC;
   X,Y,R  : INTEGER; {Ursprung und Radius des Umkreises}
   alpha  : INTEGER; {Startwinkel}
   Ecken  : BYTE);   {Anzahl der Ecken}
VAR
  Punkte: ARRAY[1..256] OF TPoint;
  W,dW   : REAL;
  Px,Py  : REAL;
  Ende   : BYTE;

  PROCEDURE Zeichnen;
  VAR
    i: BYTE;
  BEGIN
    FOR i:=1 TO Ende DO BEGIN
      VerschiebePunktReal(X,Y,R,IntRound(W),Px,Py);
      SetPoint(Punkte[i],IntRound(Px),IntRound(Py));
      W := W+dW;
    END; {FOR}
    Punkte[Ende+1] := Punkte[1];
    Polyline(Kontext,Punkte,Ende);
  END;

BEGIN
  dW := 2*3600/Ecken;
  IF Odd(Ecken) THEN BEGIN
    Ende := Ecken;
    W := alpha;
    Zeichnen;
  END
  ELSE BEGIN
    Ende := Ecken DIV 2;
    W := alpha;
    Zeichnen;
    W := alpha+dW/2;
    Zeichnen;
  END;
END;
```

Damit ist es nicht schwer, ein so wichtiges Symbol wie den **Drudenfuß** zu zeichnen. Der Startpunkt liegt oben; der Startwinkel beträgt daher 90°:

```
VAR
  DC: HDC;
BEGIN
  DC := GetDC(HWindow);
  Stern(DC,200,200,100,900,5);
  ReleaseDC(HWindow,DC);
END;
```

```
VAR
  CassA,CassK,CassV,CassW: REAL;

FUNCTION Cassinifunktion(X: REAL): REAL; FAR;
VAR
  D: REAL;
BEGIN
  D := Cos(2*(X-CassW))*((1-CassV)*
    Sqr(Cos(CassK*(X-CassW)))+CassV);
  Cassinifunktion :=
    Sqrt(D+Sqrt(Sqr(D)+CassA));
END;

PROCEDURE Cassini
  (Kontext    : HDC;
   Ursprung   : TPoint;
   Bereich    : TRect;
   A          : REAL;
   Verzerrung: REAL;
   Keulen     : INTEGER;
   M          : REAL;
   Winkel     : INTEGER;
   Schritte   : INTEGER);
BEGIN
  CassA := Sqr(1+A)-1;
  CassK := Keulen/2;
  CassV := Verzerrung;
  CassW := PiZehntelgrad*Winkel;
  FunktionsgraphPolar(Kontext,Ursprung,
    Bereich,0,2*Pi,Schritte,M,M,
    Cassinifunktion);
END;
```

Das nebenstehende Rezept *Cassini* zeichnet eine geschlossene Kurve. Durch entsprechende Wahl der Parameter können recht bizarre Formen erzeugt werden (vgl. etwa die Rezepte T.8 "Fisch", T.11 "Blume"). Für *Verzerrung* = 1 oder *Keulen* = 0 erhalten Sie eine originale Cassini-Kurve. Je kleiner *A* ist ($A < 0$ ist unzulässig), umso stärker wird die Einbuchtung. Für $A > 1$ erhalten Sie ein eher langweiliges Oval. Bei *Keulen* > 0 entstehen keulenförmige Ausbuchtungen (ihre Anzahl beträgt *Keulen*+2), deren Größe und Gestalt mit *Verzerrung* zu beeinflussen ist. *M* ist der Maßstab des Bildes, *Winkel* verdreht das Bild. *Bereich* begrenzt das Gebiet, in dem gezeichnet wird.

Jedes Bild in der nebenstehenden Tabelle wird wie folgt gezeichnet:

```
VAR
  DC: HDC;
  U : TPoint;
  B : TRect;
BEGIN
  DC := GetDC(HWindow);
  SetRect
    (B,0,0,640,400);
  SetPoint(U,300,100);
  Cassini(DC,U,B,A,V,K,
    150,W,500);
  ReleaseDC
    (HWindow,DC);
END;
```

W = 100 (10°)				W = 0			
	A	V	K		A	V	K
	1	0	0		0,1	2	7
	0,01	0	1		0,1	1	7
	0,001	0	2		0,1	0	7
	0	0	3		0,1	-0,8	7

Originale Cassini-Kurven sind fett umrahmt.

K Kurvendiagramme

In der Mathematik und den Naturwissenschaften will man häufig Funktionsgraphen zeichnen. Oft ist die zu zeichnende Funktion in einer Parameterdarstellung $x = f(t)$, $y = g(t)$ gegeben, wobei der Parameter t in einem bestimmten Bereich variiert. Das folgende Rezept zeichnet eine solche Funktion:

```
PROCEDURE FunktionsgraphParameter
  (Kontext   : HDC;
   U         : TPoint;    {Koordinatenursprung}
   B         : TRect;     {Bildschirmbereich, in dem gezeichnet wird}
   Tmin,Tmax: REAL;       {Bereich, in dem der Parameter variiert}
   Schritte  : INTEGER;   {Anzahl der zu zeichnenden Punkte}
   Mx,My     : REAL;      {Maßstäbe}
   f,g       : Funktionstyp); {Zu zeichnende Funktion}

  PROCEDURE Lade
    (    T: REAL;
     VAR P: TPoint);
  BEGIN
    SetPoint(P,U.X + IntRound(f(T)*Mx),U.Y - IntRound(g(T)*My));
  END;

VAR
  alt: TPoint;
  neu: TPoint;
  S  : INTEGER;
  T  : REAL;
  dt : REAL;
BEGIN
  dt := (Tmax-Tmin)/Schritte;
  T := Tmin;
  Lade(T,neu);
  FOR S:=0 TO Schritte DO BEGIN
    alt := neu;
    Lade(T,neu);
    IF (PtInRect(B,alt) AND PtInRect(B,neu)) THEN BEGIN
      MoveTo(Kontext,alt.X,alt.Y);
      LineTo(Kontext,neu.X,neu.Y);
    END; {IF}
    T := T + dT;
  END; {FOR}
END;
```

Das Rezept benötigt den *Funktionstyp*:

```
TYPE
  Funktionstyp = FUNCTION(X: REAL): REAL;
```

Die Maßstäbe *Mx, My* erfordern eine genauere Erklärung. Der Zahlenwert 1 wird durch *Mx* Pixel in X-Richtung bzw. durch *My* Pixel in Y-Richtung dargestellt. Ein größerer Maßstab zieht also die Kurve in der betreffenden Richtung weiter auseinander.

Standardfunktionen von TURBO-PASCAL können nicht direkt in *FunktionsgraphParameter* angegeben werden. Für den Sinus verwende man etwa

```
FUNCTION Sinus(X: REAL): REAL;
BEGIN
  Sinus := System.Sin(X);
END;
```

und entsprechend für den Cosinus:

```
FUNCTION Cosinus(X: REAL): REAL;
BEGIN
  Cosinus := System.Cos(X);
END;
```

Ein Kreis mit dem Radius 1 kann in der Parameterform $x = \cos t$, $y = \sin t$ dargestellt werden; der Parameter t läuft dabei von 0 bis 2π. Das Programmstück

```
VAR
  DC: HDC;
  U : TPoint;
  B : TRect;
BEGIN
  DC := GetDC(HWindow);
  SetPoint(U,100,100);
  SetRect(B,0,0,200,200);
  FunktionsgraphParameter(DC,U,B,0,2*Pi,200,90,45,Cosinus,Sinus);
  ReleaseDC(HWindow,DC);
END;
```

zeichnet einen solchen Kreis. Auf dem Bildschirm ist er zu einer Ellipse verzerrt; die waagrechte Halbachse ist 90, die senkrechte 45 Pixel groß.

Die obige Kurve hat die Parameterform $x = 90 \ln t$, $y = 45 \sin t$, ist also eine "logarithmisch verzerrte" Sinus-Kurve. Man erhält sie mit

```
SetPoint(U,300,300);
SetRect(B,0,0,800,600);
FunktionsgraphParameter(DC,U,B,0,9*Pi,200,90,45,Fln,Sinus);
```

Die häufigste Art, eine mathematische Funktion darzustellen, ist die Form $y = f(x)$. Das Zeichnen des zugehörigen Graphen kann leicht auf das Rezept *FunktionsgraphParameter* zurückgeführt werden:

```
PROCEDURE Funktionsgraph
  (Kontext: HDC;
   U       : TPoint;          {Koordinatenursprung}
   B       : TRect;           {Bereich, in dem gezeichnet wird}
   Mx,My   : REAL;            {Maßstäbe}
   f       : Funktionstyp);  {Zu zeichnende Funktion}
BEGIN
  FunktionsgraphParameter(Kontext,U,B,(B.left-U.X)/Mx,
    (B.right-U.x)/Mx,B.right-B.left,Mx,My,Identitaet,f);
END;
```

Dafür wird die Funktion *Identitaet* benötigt:

```
FUNCTION Identitaet(X: REAL): REAL;
BEGIN
  Identitaet := X;
END;
```

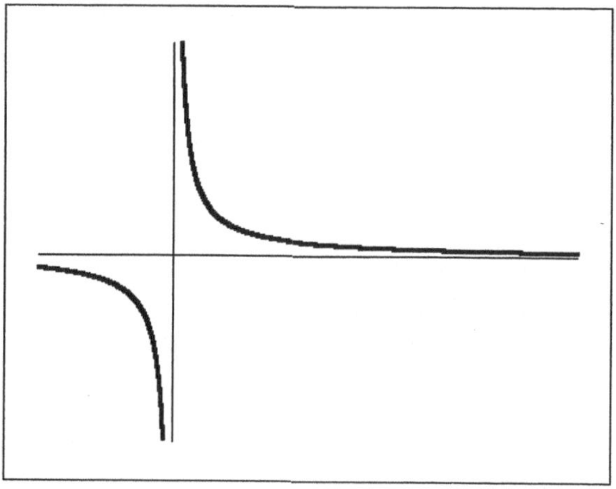

Die Funktion $f(x) = 1/x$ sei durch

```
FUNCTION DivX
  (X: REAL): REAL;
BEGIN
  IF X=0 THEN
    DivX := 1.0E10
  ELSE
    DivX := 1/X;
END;
```

gegeben; das Programm

```
VAR
  DC: HDC;
  U : TPoint;
  B : TRect;
BEGIN
  DC := GetDC(HWindow);
  SetPoint(U,200,200);
  SetRect(B,100,50,500,350)
  Funktionsgraph(DC,U,B,30,30,DivX);
  ReleaseDC(HWindow,DC);
END;
```

zeichnet diese Funktion. Zur Verdeutlichung sind in der Abbildung zusätzlich die Koordinatenachsen eingezeichnet.

Zum *Funktionstyp* und zur Übergabe von TURBO-PASCAL-Standardfunktionen vgl. Rezept K.1.

Mathematische Funktionen sind häufig in **Polarkoordinaten** vorgegeben, also in der Form $\rho = f(\varphi)$. Dabei ist φ der Winkel zur Waagrechten (im Gegenuhrzeigersinn gemessen) und ρ der Abstand des Punktes vom Koordinatenursprung. Die kartesischen Koordinaten ergeben sich gemäß den Formeln $x = f(\varphi) \cos \varphi$, $y = f(\varphi) \sin \varphi$, so daß der zugehörige Graph mit dem Rezept *FunktionsgraphParameter* gezeichnet werden kann. φ dient dabei als Parameter:

```
VAR
  FP: Funktionstyp;

FUNCTION FPc(X: REAL): REAL; FAR;
BEGIN
  FPc := FP(X)*Cos(X);
END;

FUNCTION FPs(X: REAL): REAL; FAR;
BEGIN
  FPs := FP(X)*Sin(X);
END;

PROCEDURE FunktionsgraphPolar
  (Kontext       : HDC;
   U             : TPoint;
   B             : TRect;
   PhiMin,PhiMax: REAL;
   Schritte      : INTEGER;
   Mx,My         : REAL;
   f             : Funktionstyp);
BEGIN
  FP := f;
  FunktionsgraphParameter
    (Kontext,U,B,PhiMin,PhiMax,Schritte,Mx,My,FPc,FPs);
END;
```

Die Variable und die beiden Funktionen sind Bestandteile von *FunktionsgraphPolar* und sollten daher bei einem sauberen Programm lokal innerhalb dieser Prozedur liegen. Leider ist der Compiler damit nicht einverstanden, da es sich bei den Funktionen um Prozedurvariable handelt. Sie dürfen jedoch im Implementationsteil der betreffenden Unit stehen, so daß sie nach außen hin nicht in Erscheinung treten.

Die Darstellung einer Funktion durch Polarkoordinaten ist vor allen für spiralige Formen angemessen. Die nebenstehende **hyperbolische Spirale** wird durch $\rho = 1/\varphi$ beschrieben; man erhält sie wie folgt:

```
SetPoint(U,110,300);
SetRect(B,0,0,640,400);
FunktionsgraphPolar(DC,U,B,0,10*Pi,1000,300,300,DivX);
```

Hier ist *DC* der Bildschirmkontext, *U* der Ursprung und *B* das Rechteck, in das gezeichnet wird. *DivX* berechnet die Funktion $1/X$; sie ist bei Rezept K.2 beschrieben.

```
PROCEDURE FunktionsgraphTabelle
  (Kontext: HDC;
   U       : TPoint; {Koordinatenursprung}
   Mx,My   : REAL; {Maßstäbe}
   f       : PSkalarColl); {Funktion}

  PROCEDURE Lade(X: INTEGER; VAR P: TPoint);
  VAR
    Q: PRealPoint;
  BEGIN
    Q := f^.TGet(X);
    SetPoint(P,U.X + IntRound(Q^.Wx*Mx),
      U.Y - IntRound(Q^.Wy*My));
  END;

VAR
  alt,neu: TPoint;
  X,i    : INTEGER;
BEGIN
  Lade(0,neu);
  FOR i:=1 TO f^.Count-1 DO BEGIN
    alt := neu; Lade(i,neu);
    MoveLine(Kontext,alt.X,alt.Y,neu.X,neu.Y);
  END; {FOR}
END;
```

Wenn eine Funktion als Wertetabelle gegeben ist, kann sie mit dem nebenstehenden Rezept gezeichnet werden. *U*, *Mx* und *My* haben dieselbe Bedeutung wie in den vorhergehenden Rezepten. *f* ist ein Vektor (Rezept A.7); seine Komponenten sind Records vom Typ *TRealPoint* (Rezept U.1), welche die einzelnen Wertepaare (*Wx*, *Wy*) der anzuzeigenden Funktion enthalten. Es wird vorausgesetzt, daß die Wertepaare nach aufsteigenden *Wx*-Werten geordnet sind; sie müssen jedoch nicht denselben Abstand voneinander haben.

Das nebenstehende Bild (ohne Koordinaten und Beschriftung) wurde mit folgendem Programm erzeugt; die Tabelle enthält die gezeichneten Werte:

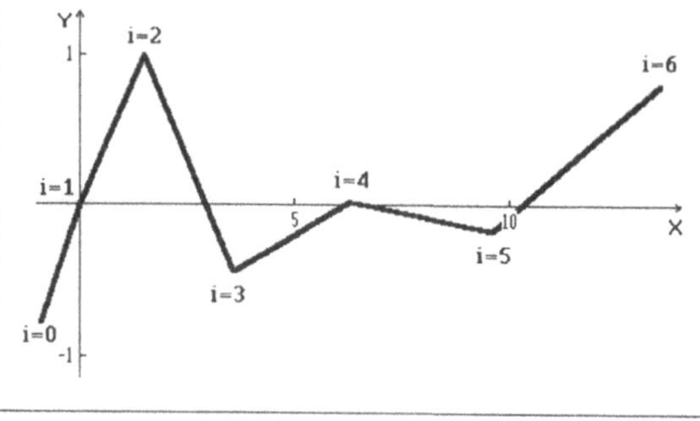


```
VAR
  DC: HDC;
  W : PSkalarColl;
  WP: TRealPoint;
  U : TPoint;
  X : REAL;
  i : BYTE;
BEGIN
  DC := GetDC(HWindow); SetPoint(U,100,200);
  W := New(PSkalarColl,Init(6,Sizeof(TRealPoint)));
  FOR i:=0 TO 6 DO BEGIN
    X := 0.3*Sqr(i+1)-4*0.3;
    SetRealPoint(WP,X,sin(X));
    W^.TSet(i,@WP);
  END; {FOR}
  FunktionsgraphTabelle(DC,U,30,100,W);
  Dispose(W,Done); ReleaseDC(HWindow,DC);
END;
```

i	*Wx*	*Wy*
0	-0,8	-0,72
1	0,0	0,00
2	1,5	0,99
3	3,6	-0,44
4	6,3	0,02
5	9,6	-0,17
6	13,5	0,80

M Mensch und Technik

```
PROCEDURE MaennchenM
  (Kontext: HDC;
   U       : TPoint;
   H       : INTEGER);
VAR
  R: INTEGER;
BEGIN
  R := H DIV 10;
  Rectangle(Kontext,U.X-R,U.Y-4*R,U.X+R+1,U.Y+1);
  Rectangle(Kontext,U.X-2*R,U.Y-8*R,U.X+2*R,U.Y-4*R);
  Ellipse(Kontext,U.X-R,U.Y-10*R,U.X+R+1,U.Y-8*R+1);
END;
```

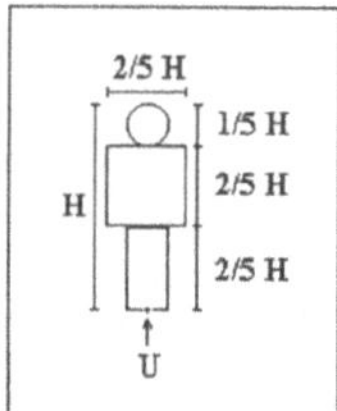


```
PROCEDURE MaennchenW
  (Kontext: HDC;
   U       : TPoint;
   H       : INTEGER);
VAR
  R      : INTEGER;
  Punkte: ARRAY[0..2] OF TPoint;
BEGIN
  R := H DIV 10;
  SetPoint(Punkte[0],U.X+2*R,U.Y);
  SetPoint(Punkte[1],U.X-2*R,U.Y);
  SetPoint(Punkte[2],U.X,U.Y-6*R);
  Polygon(Kontext,Punkte,3);
  Rectangle(Kontext,U.X-2*R,U.Y-8*R,U.X+2*R,U.Y-4*R);
  Ellipse(Kontext,U.X-R,U.Y-10*R,U.X+R+1,U.Y-8*R+1);
END;
```

Die beiden Prozeduren auf dieser Seite zeichnen **Männchen** und **Weibchen**. Die Abmessungen eines Männchens können der obigen Abbildung entnommen werden; die Abmessungen der Weibchen sind analog.

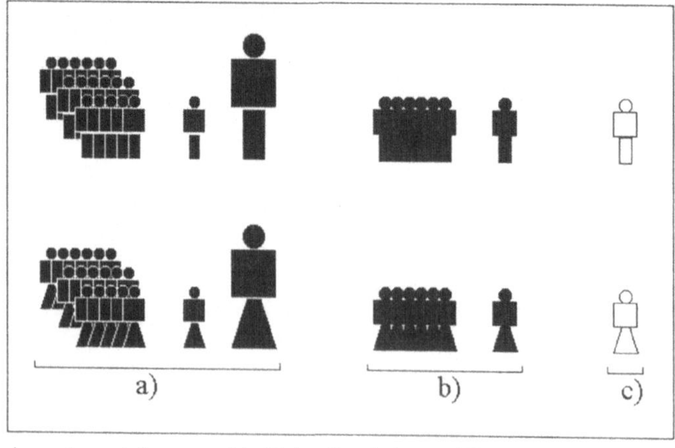

Das nebenstehende Bild (oben mit *MaennchenM*, unten mit *MaennchenW* gezeichnet) zeigt einige Anwendungsmöglichkeiten. Je nach aktuellem Stift und Pinsel ergeben sich unterschiedliche Erscheinungsbilder. Männchen mit weißem Stift und schwarzem Pinsel (a) eignen sich zum Überlagern, etwa für die anschauliche Darstellung einer Bevölkerungsstatistik, wohingegen solche mit schwarzem Stift und schwarzem Pinsel (b) besser einzeln stehen. Mit schwarzem Stift und weißem Pinsel erhält man Gestalten wie unter c.

Ein **Verbotsschild** besteht aus einem roten Kreis auf weißem Grund; es kann mit nebenstehender Prozedur leicht gezeichnet werden. Mit der zweiten Prozedur auf dieser Seite erhalten Sie ein **Warnschild**. In beiden Fällen können Sie die Farbe der Umrandung vorgeben. Die Größenverhältnisse sind dem folgenden Bild zu entnehmen; der Ursprung *U* liegt jeweils im Kreuzungspunkt:

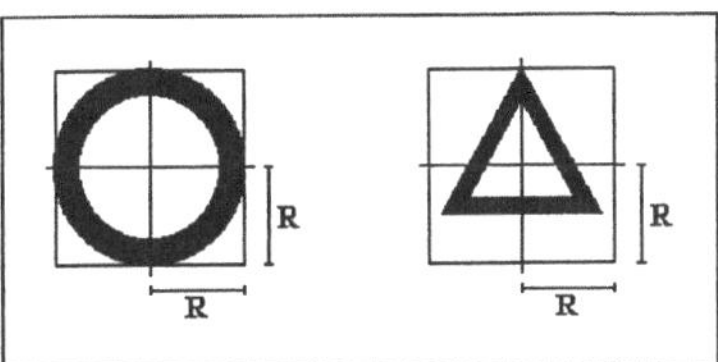

Beide Rezepte füllen das Innere der Figur mit dem aktuellen Pinsel; die erforderlichen Symbole dürfen daher erst nachher eingezeichnet werden.

```
PROCEDURE Verbotsschild
  (Kontext: HDC;
   U       : TPoint;
   R       : INTEGER;
   Farbe   : TColorRef);
VAR
  i      : INTEGER;
  S,S_alt: HPen;
BEGIN
  S := CreatePen(ps_Solid,2,Farbe);
  S_alt := SelectObject(Kontext,S);
  FOR i:=R DOWNTO IntRound(0.75*R) DO
    Ellipse(Kontext,
      U.X-i,U.Y-i,U.X+i+1,U.Y+i+1);
  SelectObject(Kontext,S_alt);
  DcloteObject(S);
END;
```

```
PROCEDURE Warnschild
  (Kontext: HDC;
   U       : TPoint;
   R       : INTEGER;
   Farbe   : TColorRef);
VAR
  i      : INTEGER;
  S,S_alt: HPen;
BEGIN
  S := CreatePen(ps_Solid,1,Farbe);
  S_alt := SelectObject(Kontext,S);
  FOR i:=R DOWNTO IntRound(0.67*R) DO
    Vieleck(Kontext,U.X,U.Y,i,900,3);
  SelectObject(Kontext,S_alt);
  DeleteObject(S);
END;
```

Die beiden nachstehenden Schilder ("Kein Zutritt für Ungeziefer" und "Achtung Spinne!") wurden so gezeichnet:

```
CONST
  K  = 10; R  = 150;
  R1 = 10; R2 = 12;
VAR
  DC: HDC;
  U : TPoint;
BEGIN
  DC := GetDC(HWindow);
  SetPoint(U,200,250);
  Verbotsschild
    (DC,U,10*K,fb_rot);
  Kaefer(DC,U.X,U.Y+K,3*K,3*K);
  SetPoint(U,450,300);
  Warnschild(DC,U,R,fb rot);
  MoveLine(DC,U.X,U.Y-IntRound(0.6*R),U.X,U.Y-4*R1);
  Spinne(DC,U,R1,R2,-900);
  ReleaseDC(HWindow,DC);
END;
```

Das **Yin-Yang-Symbol** ist trotz seines einfachen Aufbaus ziemlich kompliziert zu zeichnen. Im folgenden Rezept ist *U* der Mittelpunkt des Symbols und *R* sein Außenradius. Mit der Farbe *Fl* werden die äußere Umrandung gezogen und die linke Seite ausgefüllt; *Fr* bestimmt die Farbe der rechten Seite:

```
PROCEDURE Yin
  (Kontext: HDC;
   U       : TPoint;
   R       : INTEGER;
   Fl,Fr   : TColorRef);
VAR
  S,S_alt    : HPen;
  Bl,Br,B_alt: HBrush;
BEGIN
  S := CreatePen(ps_Solid,1,Fl);
  Bl := CreateSolidBrush(Fl);
  Br := CreateSolidBrush(Fr);
  S_alt := SelectObject(Kontext,S);
  B_alt := SelectObject(Kontext,Br);
  Ellipse(Kontext,U.X-R,U.Y-R,U.X+R+1,U.Y+R+1);
  Kreisbogen(Kontext,U.X,U.Y,U.X,U.Y-R,R DIV 2+1);
  Kreisbogen(Kontext,U.X,U.Y,U.X,U.Y+R,R DIV 2+1);
  Ellipse(Kontext,
    U.X-R DIV 10,U.Y-3*R DIV 5,U.X+R DIV 10+1,U.Y-2*R DIV 5+1);
  SelectObject(Kontext,Bl);
  Ellipse(Kontext,
    U.X-R DIV 10,U.Y+2*R DIV 5,U.X+R DIV 10+1,U.Y+3*R DIV 5+1);
  FloodFill(Kontext,U.X,U.Y-R DIV 5,Fl);
  SelectObject(Kontext,S_alt);
  SelectObject(Kontext,B_alt);
  DeleteObject(S);
  DeleteObject(Bl);
  DeleteObject(Br);
END;
```

Das nebenstehende Symbol mit dem Radius 180 Pixel wurde in den Bildschirmpunkt (200,200) gesetzt, so daß vom linken und von oberen Rand jeweils 20 Pixel Abstand bleiben:

```
VAR
  DC: HDC;
  U : TPoint;
BEGIN
  DC := GetDC(HWindow);
  SetPoint(U,200,200);
  Yin(DC,U,180,
    fb_schwarz,fb_weiss);
  ReleaseDC(HWindow,DC);
END;
```

Jonische **Säulen** zeichnen sich durch schneckenförmig gewundene Kapitelle aus. Mit dem nachfolgenden Rezept können Sie eine solche Säule zeichnen. Das nebenstehende Bild zeigt den Ursprung *U*, die Höhe *H* und die Breite *B* der Säule. Die gesamte Höhe einschließlich des Kapitells beträgt *B+H*; diese Information benötigt man, wenn man oberhalb der Säule weitere Elemente zeichnen möchte (vgl. das Anwendungsbeispiel). Die gesamte Breite des Kapitells (und damit die größte waagrechte Ausdehnung der gesamten Säule) beträgt knapp 2,2*B*.

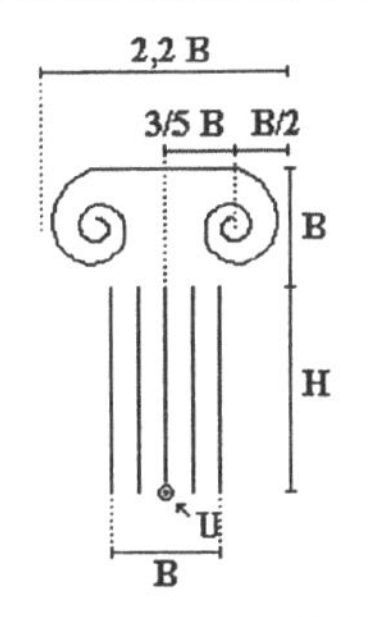


```
PROCEDURE Saeule
  (Kontext: HDC;
   U      : TPoint;
   B      : INTEGER;
   H      : INTEGER);
VAR
  i       : SHORTINT;
  S,T     : TPoint;
  d4,d5,h1: INTEGER;
BEGIN
  d4 := B DIV 2;
  d5 := 3*B DIV 5;
  h1 := U.Y-H;
  FOR i:=-2 TO 2 DO
    MoveLine(Kontext,U.X+i*(B DIV 4),U.Y,U.X+i*(B DIV 4),h1);
  SetPoint(S,U.X+d5,h1-d4);
  SpiraleLog(Kontext,S,-0.75,1.25,3*B,d4,d4,0.15);
  SetPoint(T,U.X-d5,S.Y);
  SpiraleLog(Kontext,T,0.25,-1.75,3*B,d4,d4,-0.15);
  MoveLine(Kontext,S.X,h1-2*d4,T.X-1,h1-2*d4);
END;
```

Die nebenstehende Tempelruine wird mit dem folgenden Programm gezeichnet:

```
VAR
  DC: HDC;
  U : TPoint;
BEGIN
  DC := GetDC(HWindow);
  SetPoint(U,200,300);
  Saeule(DC,U,45,200);
  SetPoint(U,350,300);
  Saeule(DC,U,45,200);
  SetPoint(U,500,300);
  Saeule(DC,U,45,200);
  Rectangle(DC,202,5,348,55);
  Rectangle(DC,352,5,498,55);
  Rectangle(DC,150,300,550,330);
  ReleaseDC(HWindow,DC);
END;
```

Einfache, aber wichtige technische Bausteine sind **Zahnräder**. Ihre Anwendung ist aber bei weitem nicht auf die Technik beschränkt; der Einsatzbereich "entarteter" Varianten reicht von Sonnen über Rädertierchen (Rezept T.1) und Schlangensterne bis zu den Speichen eines Spinnennetzes (Rezept T.5). Dieses universelle Rezept lautet:

```
PROCEDURE Zahnrad
   (Kontext: HDC;
    X,Y    : INTEGER; {Mittelpunkt}
    Rm     : INTEGER; {Radius des Lochs}
    Ri     : INTEGER; {Radius des inneren Kreises}
    Ra     : INTEGER; {Radius des Umkreises}
    alpha  : INTEGER; {Startwinkel in Zehntelgrad}
    Zaehne : BYTE);   {Anzahl der Zähne}
VAR
  Punkte: ARRAY[0..3] OF TPoint;
  W,dW  : REAL;

  PROCEDURE Lade(R: INTEGER; p: BYTE);
  VAR
    Ax,Ay: REAL;
  BEGIN
    VerschiebePunktReal(X,Y,R,IntRound(W+p*dW),Ax,Ay);
    SetPoint(Punkte[p],IntRound(Ax),IntRound(Ay));
  END;

VAR
  i: BYTE;
BEGIN
  Ellipse(Kontext,X-Rm,Y-Rm,X+Rm+1,Y+Rm+1);
  dW := 1200/Zaehne;
  W := alpha;
  FOR i:=1 TO Zaehne DO BEGIN
    Lade(Ra,0);
    Lade(Ri,1);
    Lade(Ri,2);
    Lade(Ra,3);
    PolyLine(Kontext,Punkte,4);
    W := W + 3*dW;
  END; {FOR}
END;
```

Naheliegende Anwendungen dieses Rezepts sind **Getriebe**, das sind Ansammlungen von Zahnrädern. Das nebenstehende Beispiel wurde mit folgendem Programm gezeichnet:

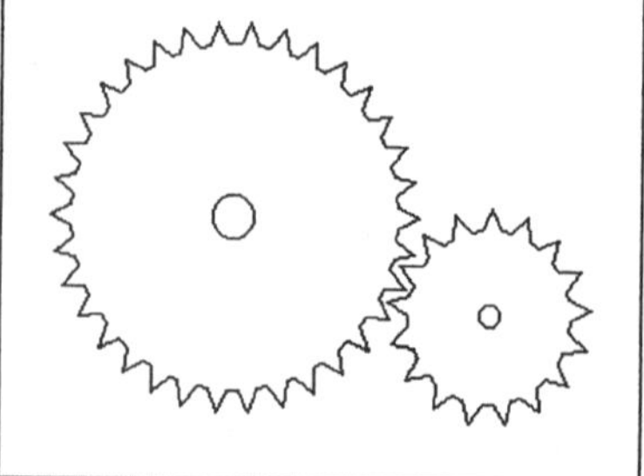

```
VAR
  DC: HDC;
BEGIN
  DC := GetDC(HWindow);
  Zahnrad(DC,200,100,10,80,90,0,34);
  Zahnrad(DC,325,145,5,40,50,40,17);
  ReleaseDC(HWindow,DC);
END;
```

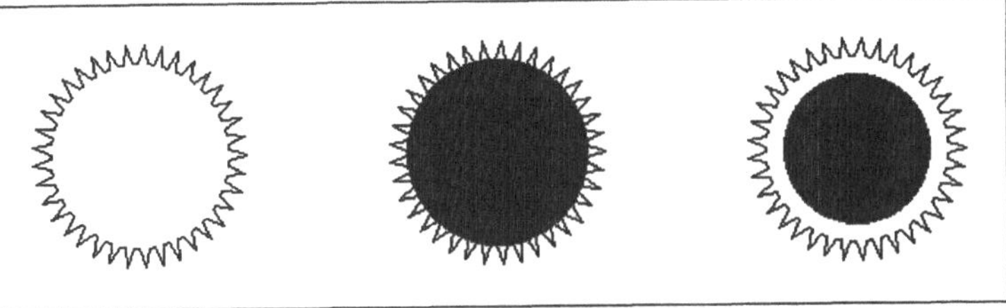

Im obigen Bild sehen Sie verschiedene Ansichten der Sonne. Den Normalzustand (links) erhalten Sie, wenn Sie den Lochradius gleich 0 wählen:

```
VAR
  DC: HDC;
BEGIN
  DC := GetDC(HWindow);
  Zahnrad(DC,100,300,0,50,60,0,37);
  ReleaseDC(HWindow,DC);
END;
```

Für eine totale Sonnenfinsternis (Mitte) setzen Sie den Lochradius gleich dem Innenradius und füllen das Loch schwarz aus:

```
VAR
  DC    : HDC;
  B_alt: HBrush;
BEGIN
  DC := GetDC(HWindow);
  B_alt := SelectObject(DC,GetStockObject(Black_Brush));
  Zahnrad(DC,300,300,50,50,60,0,37);
  SelectObject(DC,B_alt);
  ReleaseDC(HWindow,DC);
END;
```

Wenn Sie den Lochradius kleiner als den Innenradius wählen und das Loch ebenfalls ausfüllen, ergibt sich eine ringförmige Sonnenfinsternis (rechts):

```
Zahnrad(DC,500,300,40,50,60,0,37);
```

Ein **Schlangenstern** (ein Verwandter des Seesterns von Rezept T.3) ist ein fünfzähniges Zahnrad mit Lochradius 0, bei dem das Verhältnis von In- zu Umkreis geeignet gewählt wurde. Sie erhalten ihn mit folgendem Rezept:

```
PROCEDURE Schlangenstern
  (Kontext: HDC;
   X,Y     : INTEGER;   {Mittelpunkt}
   R       : INTEGER;   {äußerer Radius}
   W       : INTEGER);  {Startwinkel}
BEGIN
  Zahnrad(Kontext,X,Y,0,R DIV 5,R,W,5);
END;
```

Das folgende Rezept zeichnet eine **Uhr**. *U* ist der Mittelpunkt, *R* der Radius des Zifferblatts. Das Zifferblatt und die Zeiger (letztere entsprechend den Angaben *Stunde* und *Minute*) erscheinen in *Farbe*. Die Strichstärke des Minutenzeigers beträgt 2, die des Stundenzeigers 6 Einheiten.

```
PROCEDURE Uhr
  (Kontext: HDC;
   U      : TPoint;
   R      : INTEGER;
   Stunde : BYTE;
   Minute : BYTE;
   Farbe  : TColorRef);
VAR
  S,SS,SM,S_alt: HPen;
  R1,M         : INTEGER;
BEGIN
  S := CreatePen(ps_Solid,1,Farbe);
  SS := CreatePen(ps_Solid,6,Farbe);
  SM := CreatePen(ps_Solid,2,Farbe);
  S_alt := SelectObject(Kontext,S);
  Ellipse(Kontext,U.X-R,U.Y-R,U.X+R+1,U.Y+R+1);
  Zahnrad(Kontext,U.X,U.Y,0,0,R,0,12);
  SelectObject(Kontext,GetStockObject(Null_Pen));
  R1 := 3*R DIV 4;
  Ellipse(Kontext,U.X-R1,U.Y-R1,U.X+R1+1,U.Y+R1+1);
  SelectObject(Kontext,SS);
  M := Minute MOD 60;
  LineWinkel
    (Kontext,U.X,U.Y,R DIV 2,900-300*(Stunde MOD 12)-10*(M DIV 2));
  SelectObject(Kontext,SM);
  LineWinkel(Kontext,U.X,U.Y,2*R DIV 3,900-60*M);
  SelectObject(Kontext,S_alt);
  DeleteObject(S);
  DeleteObject(SS);
  DeleteObject(SM);
END;
```

Die obige Uhr wird mit der Befehlsfolge

```
SetPoint(U,350,200);
Uhr(DC,U,80,1,48,fb_schwarz);
```

gezeichnet; dabei ist *DC* der Bildschirmkontext.

Ist *TFenster* Ihr Anwendungsfenster, so können Sie mit der nebenstehenden Methode die aktuelle Zeit anzeigen.

```
PROCEDURE TFenster.Zeitanzeige(VAR Msg: TMessage);
VAR
  DC      : HDC;
  U       : TPoint;
  H,M,S,T: WORD;
BEGIN
  DC := GetDC(HWindow);
  SetPoint(U,150,200);
  GetTime(H,M,S,T); Uhr(DC,U,100,H,M,fb_rot);
  ReleaseDC(HWindow,DC);
END;
```

M.7 Rakete

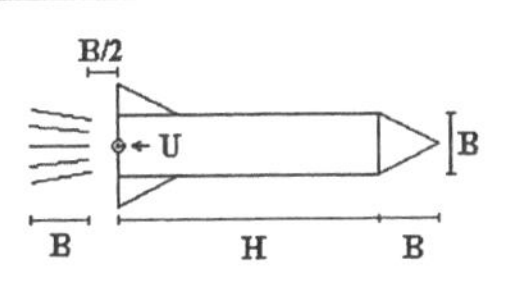

Raketen, die in allen möglichen Richtungen herumfliegen, sind nützliche Lückenfüller in jeder Grafik. Rechts sehen Sie Gestalt und Abmessungen einer Rakete mit $W = 0$, die Sie mit folgendem Rezept zeichnen können:

```
PROCEDURE Rakete
  (Kontext: HDC;
   U      : TPoint;
   B,H    : INTEGER;
   W      : INTEGER); {Drehwinkel zur Waagrechten in Zehntelgrad}
VAR
  P: ARRAY[0..2] OF TPoint;
  S: TPoint; i: SHORTINT;
BEGIN
  VerschiebePunktInteger(U.X,U.Y,B,W-900,P[0].X,P[0].Y); {A.3}
  VerschiebePunktInteger(U.X,U.Y,-B,W-900,P[1].X,P[1].Y);
  VerschiebePunktInteger(U.X,U.Y,2*B,W,P[2].X,P[2].Y);
  Polygon(Kontext,P,3);
  FOR i:=-2 TO 2 DO BEGIN
    VerschiebePunktInteger(P[2].X,P[2].Y,
      -5*B DIV 2,W+50*i,S.X,S.Y);
    LineWinkel(Kontext,S.X,S.Y,-B,W+50*i);
  END; {FOR}
  VerschiebePunktInteger(U.X,U.Y,B DIV 2,W-900,P[0].X,P[0].Y);
  VerschiebePunktInteger(U.X,U.Y,-B DIV 2,W-900,P[1].X,P[1].Y);
  Rechteck(Kontext,P[0].X,P[0].Y,H,B,W);
  VerschiebePunktInteger(P[0].X,P[0].Y,H,W,P[0].X,P[0].Y);
  VerschiebePunktInteger(P[1].X,P[1].Y,H,W,P[1].X,P[1].Y);
  VerschiebePunktInteger(U.X,U.Y,H+B,W,P[2].X,P[2].Y);
  Polygon(Kontext,P,3);
END;
```

Für das untenstehende "Rendezvous im Weltall" wurden die Abmessungen und Winkel der sechs Raketen in *ARRAYs* gespeichert, um sie mit einer *FOR*-Schleife zeichnen zu können:

```
CONST
  d = 10;   Anzahl = 6;   sx = 300; sy = 200;
  W: ARRAY[1..Anzahl] OF INTEGER = (100,700,1300,1800,2500,3100);
  B: ARRAY[1..Anzahl] OF INTEGER = (30,30,40,30,30,10);
  H: ARRAY[1..Anzahl] OF INTEGER = (150,50,50,130,50,60);
VAR
  DC: HDC;
  U : TPoint;
  i : BYTE;
BEGIN
  DC := GetDC(HWindow);
  Zahnrad(DC,sx,sy,0,4*d,5*d,0,37);
  FOR i:=1 TO Anzahl DO BEGIN
    VerschiebePunktInteger(sx,sy,
      8*d+H[i]+B[i],W[i],U.X,U.Y);
    Rakete
      (DC,U,B[i],H[i],1800+W[i]);
  END; {FOR}
  ReleaseDC(HWindow,DC);
END;
```

Einfache, aber wichtige technische Einrichtungen, die zu Beleuchtungs- und Signalzwecken dienen, sind **Glühbirnen**. Nebenstehend sehen Sie eine "klassische" Form, die Sie mit der folgenden Prozedur zeichnen können. *U* ist der Mittelpunkt, *R* der Radius des Kolbens. Das Bild wurde mit $W = 0$ gezeichnet; andere Werte von *W* ergeben eine Drehung um *U*.

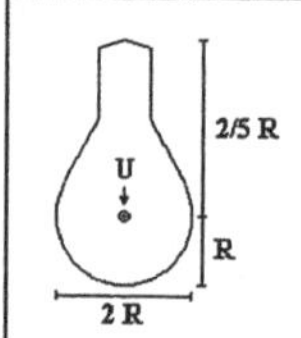


```
PROCEDURE Birne
  (Kontext: HDC;
   U      : TPoint;
   R      : INTEGER;
   W      : INTEGER); {Drehwinkel in Zehntelgrad}
VAR
  A: INTEGER;
  P: ARRAY[0..6] OF TPoint;
BEGIN
  A := 300;
  VerschiebePunktInteger(U.X,U.Y,R,W+A,P[0].X,P[0].Y);
  VerschiebePunktInteger(U.X,U.Y,R,W+1800-A,P[6].X,P[6].Y);
  VerschiebePunktInteger(P[0].X,P[0].Y,R,W+900+A,P[1].X,P[1].Y);
  VerschiebePunktInteger(P[6].X,P[6].Y,R,W+900-A,P[5].X,P[5].Y);
  VerschiebePunktInteger(P[1].X,P[1].Y,R,W+900,P[2].X,P[2].Y);
  VerschiebePunktInteger(P[5].X,P[5].Y,R,W+900,P[4].X,P[4].Y);
  VerschiebePunktInteger(U.X,U.Y,5*R DIV 2,W+900,P[3].X,P[3].Y);
  PolyLine(Kontext,P,7);
  Kreisbogen(Kontext,P[6].X,P[6].Y,P[0].X,P[0].Y,-R);
END;
```

Die nebenstehende leuchtende Glühbirne (Drehwinkel 120°) wird wie folgt erhalten:

```
VAR
  DC    : HDC;
  U     : TPoint;
  i     : SHORTINT;
  Sx,Sy: INTEGER;
BEGIN
  DC := GetDC(HWindow);
  SetPoint(U,400,200);
  Birne(DC,U,60,1200);
  FOR i:=1 TO 8 DO BEGIN
    VerschiebePunktInteger
      (U.X,U.Y,100,1650-i*300,Sx,Sy);
    LineWinkel(DC,Sx,Sy,50,1650-i*300);
  END; {FOR}
  ReleaseDC(HWindow,DC);
END;
```

Um den Glaskolben von der Fassung zu trennen, setzen Sie als letzten Befehl in *Birne* zusätzlich die folgende Zeile ein:

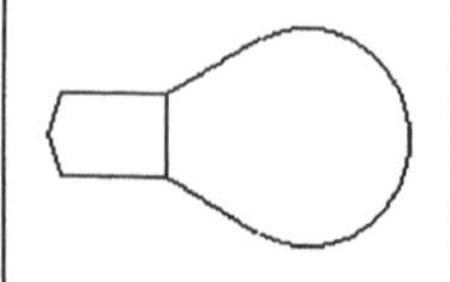

```
MoveLine(Kontext,P[5].X,P[5].Y,P[1].X,P[1].Y);
```

Tastenfelder dienen zur Dateneingabe. Das folgende Rezept zeichnet das Tastenfeld eines Telefons älterer Bauart; das Prinzip kann aber leicht auf ähnliche Tastaturen übertragen werden:

```
PROCEDURE Tastenfeld
  (Kontext: HDC;
   X,Y    : INTEGER;  {Ursprung, links oben}
   B      : INTEGER); {Seitenlänge einer Taste}

  PROCEDURE Taste(Ux,Uy: INTEGER; Z: PChar);
  VAR
    Bereich: TRect;
  BEGIN
    SetRect(Bereich,Ux,Uy,Ux+B+1,Uy+B+1);
    Rahmen(Kontext,Bereich,0,100,'');
    SetRect(Bereich,Ux+B DIV 5,Uy+B DIV 5,
      Ux+4*B DIV 5,Uy+4*B DIV 5);
    Rahmen(Kontext,Bereich,2,5,Z);
  END;

  PROCEDURE Reihe(H: INTEGER; Z1,Z2,Z3: PChar);
  BEGIN
    Taste(X,H,Z1);
    Taste(X+B,H,Z2);
    Taste(X+2*B,H,Z3);
  END;

VAR
  F,F_alt: HFont;
BEGIN
  F := Create_Schrift(3*B DIV 5,ff_Normal);
  F_alt := SelectObject(Kontext,F);
  Reihe(Y,'1','2','3');
  Reihe(Y+B,'4','5','6');
  Reihe(Y+2*B,'7','8','9');
  Reihe(Y+3*B,'*','0','#');
  SelectObject(Kontext,F_alt);
  DeleteObject(F);
END;
```

Das nebenstehende Tastenfeld wurde mit dem Befehl

```
Tastenfeld(DC,50,50,75);
```

gezeichnet.

Das Rezept verwendet die Schrift *ff_Normal*. Deren Qualität hängt von den auf Ihrem System installierten Schriftarten und auch von der Schriftgröße ab. Bei Bedarf können Sie natürlich andere Schriften einsetzen; die Größe sollte jedoch nicht geändert werden, damit die Zeichen zentriert in den Tasten erscheinen.

Um eine Bildschirmfläche mit einem **Parkett** auszulegen, verwenden Sie das folgende Rezept. Ein einzelnes Element des Parketts wird zunächst nach *TParkett.Speicher* geschrieben; die Methode *TParkett.Zeichnen* legt das Element *AX*-mal in X- und *AY*-mal in Y-Richtung auf den Bildschirm.

```
TYPE
  TParkett = OBJECT
    Speicher    : HDC;
    Bitmap      : HBitmap;
    Breite,Hoehe: INTEGER;
    PROCEDURE Init(Schirm: HDC; B: INTEGER; H: INTEGER);
    PROCEDURE Zeichnen(Schirm: HDC; U: TPoint; AX,AY: INTEGER);
    PROCEDURE Done;
  END;

PROCEDURE TParkett.Init
BEGIN
  Breite := B; Hoehe := H;
  Bitmap := CreateCompatibleBitmap(Schirm,Breite,Hoehe);
  Speicher := CreateCompatibleDC(Schirm);
  SelectObject(Speicher,Bitmap);
  BitBlt(Speicher,0,0,Breite,Hoehe,Schirm,Breite,Hoehe,Whiteness);
END;

PROCEDURE TParkett.Zeichnen;
VAR i,k: INTEGER;
BEGIN
  FOR i:=1 TO AY DO FOR k:=1 TO AX DO
    BitBlt(Schirm,U.X+(k-1)*Breite,U.Y+(i-1)*Hoehe,Breite,Hoehe,
      Speicher,0,0,SrcCopy);
END;

PROCEDURE TParkett.Done;
BEGIN DeleteDC(Speicher); DeleteObject(Bitmap); END;
```

Das folgende Programm zeigt die Anwendung; im Bild rechts ist ein Element gestrichelt markiert:

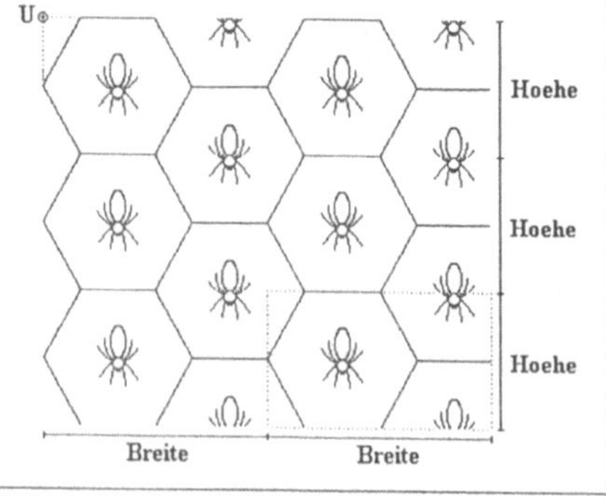


```
CONST
  R = 50;
VAR
  DC      : HDC;
  U       : TPoint;
  Parkett: TParkett;
  R1      : INTEGER;
BEGIN
  DC := GetDC(HWindow);
  R1 := IntRound(R*Sqrt(3.0));
  Parkett.Init(DC,3*R,R1-1);
  Vieleck(Parkett.Speicher,R,R1 DIV 2,R,0,6);
  MoveLine(Parkett.Speicher,2*R,R1 DIV 2,3*R,R1 DIV 2);
  SetPoint(U,R,R1 DIV 2);  Spinne(Parkett.Speicher,U,5,4,-900);
  SetPoint(U,5*R DIV 2,0); Spinne(Parkett.Speicher,U,5,4,-900);
  SetPoint(U,U.X,R1);      Spinne(Parkett.Speicher,U,5,4,-900);
  SetPoint(U,100,100); Parkett.Zeichnen(DC,U,2,3);
  Parkett.Done; ReleaseDC(HWindow,DC);
END;
```

P Präsentationsgrafiken

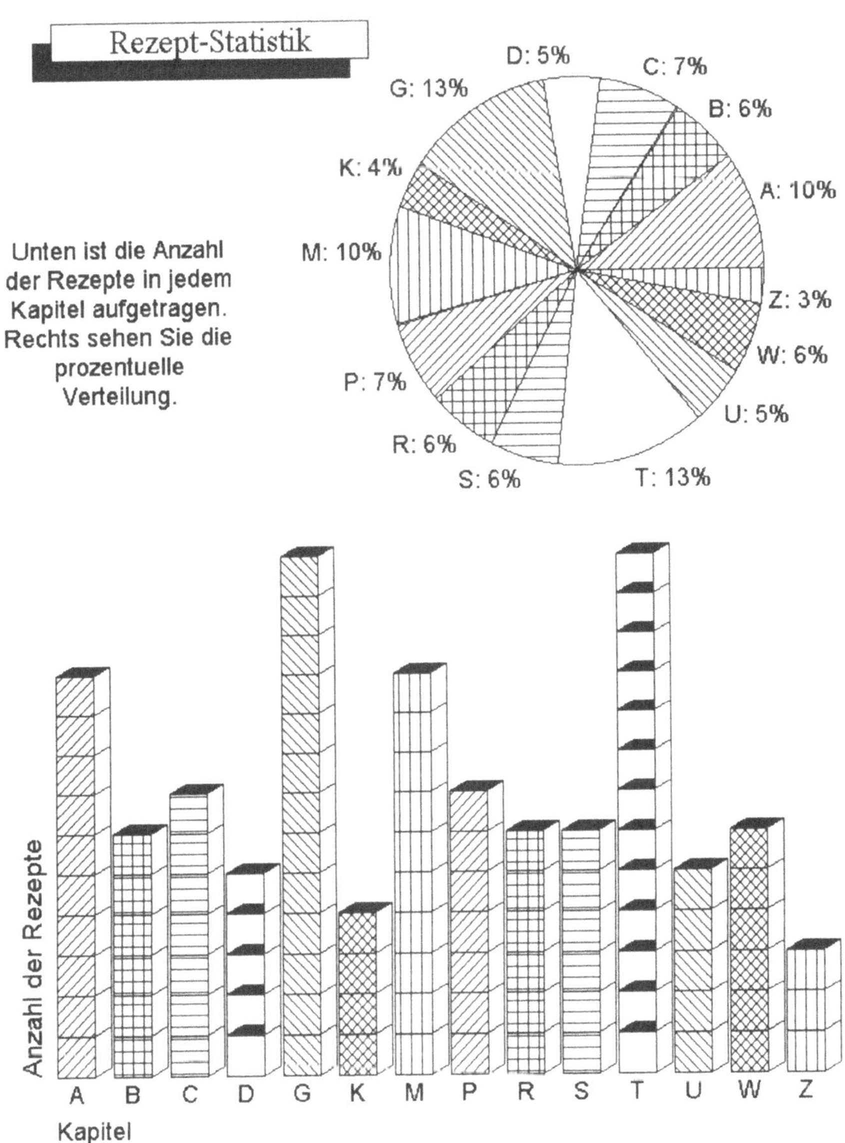

Ein **Tortendiagramm** (die "offizielle" Bezeichnung lautet *Kreisdiagramm* oder *Sektorendiagramm*) ist auf den ersten Blick ein recht einfaches Objekt. Es besteht aus einem Kreis, der in mehrere Sektoren eingeteilt ist. Das nebenstehende Bild zeigt ein solches Diagramm aus vier Sektoren. Zur Verdeutlichung sind zusätzlich der Umkreis und die Winkel gestrichelt eingezeichnet. Man sieht, daß der Kreis keineswegs voll ausgefüllt sein muß, und daß das Diagramm bei einem beliebigen Winkel α beginnen kann. Ein Tortendiagramm kann durch ein TURBO-PASCAL-Objekt beschrieben werden:

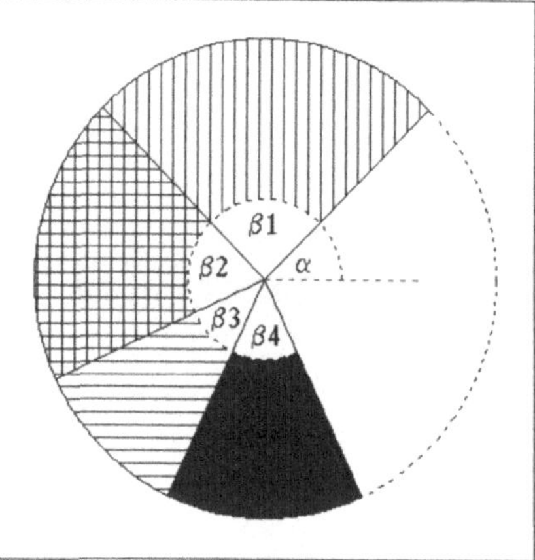


```
PTorte = ^TTorte;
TTorte = OBJECT
  Sektoren: PCollection;
  M       : TPoint;  {Mittelpunkt der Torte}
  R       : INTEGER; {Radius der Torte}
  alpha   : INTEGER; {Startwinkel zur Waagrechten in Zehntelgrad}
  CONSTRUCTOR Init
    (X,Y,Radius: INTEGER;  {Mittelpunkt und Radius der Torte}
     A         : INTEGER); {Startwinkel}
  DESTRUCTOR Done; VIRTUAL; {Gibt den Speicherplatz frei}
  PROCEDURE Einfuegen(B: INTEGER; P: TLogBrush);
  PROCEDURE Zeichnen(Kontext: HDC); {Zeichnet die Torte}
END;
```

Eine Torte kann aus einer beliebigen Anzahl von Sektoren bestehen. Deren Speicherung erfolgt daher in einem "Array" variabler Länge, also zweckmäßigerweise in einer *TCollection*. Das leistet das Feld *Sektoren* in *TTorte*. Die weiteren Felder sprechen für sich.

Der Konstruktor *Init* stellt Speicherplatz für *Sektoren* bereit und definiert die Daten der Torte.

Jeder Sektor ist durch seinen Winkel und sein Füllmuster charakterisiert. Diese stehen im Objekt *TTortensektor*:

```
PTortensektor = ^TTortensektor;
TTortensektor = OBJECT(TObject)
  beta  : INTEGER;   {Sektorwinkel in Zehntelgrad}
  Pinsel: TLogBrush; {Füllmuster}
  CONSTRUCTOR Init(B: INTEGER; P: TLogBrush);
END;
```

Die einzelnen Methoden lauten wie folgt:

```
CONSTRUCTOR TTorte.Init;
BEGIN
  Sektoren := New(PCollection,Init(5,1));
  SetPoint(M,X,Y);
  R := Radius; alpha := A;
END;

DESTRUCTOR TTorte.Done;
BEGIN Dispose(Sektoren,Done); END;

PROCEDURE TTorte.Einfuegen(B: INTEGER; P: TLogBrush);
BEGIN
  Sektoren^.Insert(New(PTortensektor,Init(B,P)));
END;

PROCEDURE TTorte.Zeichnen;
VAR
  W: INTEGER;

  PROCEDURE CallZeichnen(P: PTortensektor); FAR;
  VAR B,B_alt: HBrush;
  BEGIN
    B := CreateBrushIndirect(P^.Pinsel);
    B_alt := SelectObject(Kontext,B);
    Sektor(Kontext,M.X,M.Y,R,W,P^.beta);
    W := W + P^.beta;
    SelectObject(Kontext,B_alt);
    DeleteObject(B);
  END;

BEGIN
  W := alpha;
  Sektoren^.ForEach(@CallZeichnen);
END;
```

```
CONSTRUCTOR TTortensektor.Init;
BEGIN
  TObject.Init;
  beta := B; Pinsel := P;
END;
```

Das Bild auf der vorigen Seite wird durch das folgende Programmstück gezeichnet, wobei die einzelnen Sektoren auf dem Bildschirm verschieden gefärbt sind (rot, grün, blau, violett):

```
VAR
  DC: HDC; Torte: PTorte; Brush: TLogBrush;
BEGIN
  DC := GetDC(HWindow);
  Torte := New(PTorte,Init(160,160,150,450));
  Lade_Brush(Brush,hs_Vertical,fb_rot);
  Torte^.Einfuegen(900,Brush);
  Lade_Brush(Brush,hs_Cross,fb_gruen);
  Torte^.Einfuegen(700,Brush);
  Lade_Brush(Brush,hs_Horizontal,fb_blau);
  Torte^.Einfuegen(400,Brush);
  Lade_Brush(Brush,hs_Solid,fb_violett);
  Torte^.Einfuegen(500,Brush);
  Torte^.Zeichnen(DC); Dispose(Torte,Done);
  ReleaseDC(HWindow,DC);
END;
```

Ein Tortendiagramm muß oft beschriftet werden. Ein Nachkomme des vorherigen Rezepts, bei dem zusätzlich zu jedem Sektor ein Text anzugeben ist, erledigt das. Rechts finden Sie die Deklaration, unten die Methoden:

```
TYPE
  PTortensektorB = ^TTortensektorB;
  TTortensektorB = OBJECT(TTortensektor)
    Beschriftung: STRING;
    CONSTRUCTOR Init
      (B: INTEGER; P: TLogBrush; S: STRING);
  END; {TTortensektorB}

  PTorteB = ^TTorteB;
  TTorteB = OBJECT(TTorte)
    PROCEDURE Einfuegen
      (B: INTEGER; P: TLogBrush; S: STRING);
    PROCEDURE Zeichnen(Kontext: HDC);
  END; {TTorteB}
```

```
CONSTRUCTOR TTortensektorB.Init;
BEGIN TTortensektor.Init(B,P); Beschriftung := S; END;

PROCEDURE TTorteB.Einfuegen;
BEGIN Sektoren^.Insert(New(PTortensektorB,Init(B,P,S))); END;

PROCEDURE TTorteB.Zeichnen;
VAR W: INTEGER;

  PROCEDURE CallZeichnen(P: PTortensektorB); FAR;
  VAR V,X,Y: INTEGER;
  BEGIN
    V := W + P^.beta DIV 2;
    VerschiebePunktInteger(M.X,M.Y,R,V,X,Y);
    TextOutStringW(Kontext,X,Y,P^.Beschriftung,V); Inc(W,P^.beta);
  END;

BEGIN
  TTorte.Zeichnen(Kontext);
  W := alpha; Sektoren^.ForEach(@CallZeichnen);
END;
```

Rechts finden Sie ein ähnliches Tortendiagramm wie im vorherigen Rezept, nur mit anderen Winkeln und mit Beschriftung:

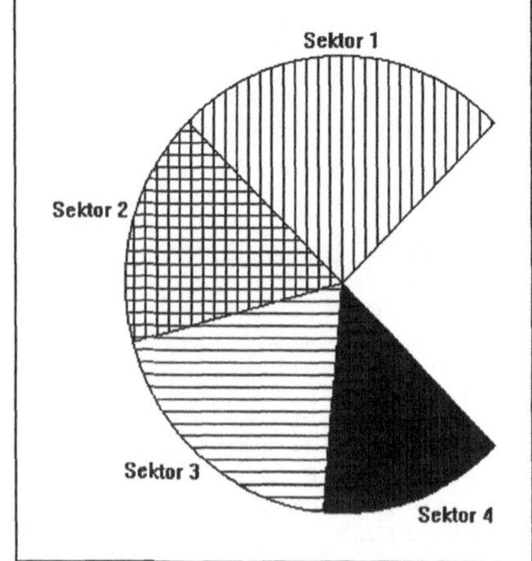


```
VAR
  DC: HDC;
  T : PTorteB;
  B : TLogBrush;
BEGIN
  DC := GetDC(HWindow);
  T := New(PTorteB,
    Init(300,200,150,450));
  Lade_Brush(B,hs_Vertical,0);
  T^.Einfuegen(900,B,'Sektor 1');
  Lade_Brush(B,hs_Cross,0);
  T^.Einfuegen(600,B,'Sektor 2');
  Lade_Brush(B,hs_Horizontal,0);
  T^.Einfuegen(700,B,'Sektor 3');
  Lade_Brush(B,hs_Solid,0); T^.Einfuegen(500,B,'Sektor 4');
  T^.Zeichnen(DC); Dispose(T,Done); ReleaseDC(HWindow,DC);
END;
```

Ein **Balkendiagramm** ist aus nebeneinanderliegenden Balken aufgebaut, die selbst wiederum – ähnlich wie ein Tortendiagramm – aus einzelnen Teilbalken bestehen. Das Rezept für einen einzelnen Balken lautet:

```
PBalkenTeil = ^TBalkenTeil;
TBalkenTeil = OBJECT(TObject)
  Hoehe: INTEGER;
  Pv   : TLogBrush;
  CONSTRUCTOR Init
    (H: INTEGER;
     P: TLogBrush);
END;
```

```
PBalken = ^TBalken;
TBalken = OBJECT
  Teile    : PCollection;
  Ursprung: TPoint; {links unten}
  Breite   : INTEGER;
  CONSTRUCTOR Init
    (X,Y,B: INTEGER);{Urspr.,Breite}
  DESTRUCTOR Done; VIRTUAL;
  PROCEDURE Einfuegen
    (H: INTEGER; P: TLogBrush);
  PROCEDURE Zeichnen(Kontext: HDC);
END;
```

```
CONSTRUCTOR TBalkenTeil.Init;
BEGIN
  TObject.Init;
  Hoehe := H;
  Pv := P;
END;

CONSTRUCTOR TBalken.Init;
BEGIN
  Teile := New(PCollection,
    Init(5,1));
  SetPoint(Ursprung,X,Y);
  Breite := B;
END;

DESTRUCTOR TBalken.Done;
BEGIN
  Dispose(Teile,Done);
END;

PROCEDURE TBalken.Einfuegen;
BEGIN
  Teile^.Insert(New
    (PBalkenTeil,Init(H,P)));
END;
```

```
PROCEDURE TBalken.Zeichnen;

VAR
  H: INTEGER;

  PROCEDURE CallZeichnen
    (P: PBalkenTeil); FAR;
  VAR
    B,B_alt: HBrush;
  BEGIN
    B := CreateBrushIndirect(P^.Pv);
    B_alt :=
      SelectObject(Kontext,B);
    Rectangle(Kontext,Ursprung.X,
      H-P^.Hoehe,
      Ursprung.X+Breite+1,H+1);
    H := H - P^.Hoehe;
    SelectObject(Kontext,B_alt);
    DeleteObject(B);
  END;

BEGIN
  H := Ursprung.Y;
  Teile^.ForEach(@CallZeichnen);
END;
```

Der nebenstehende Balken wird wie folgt gezeichnet:

```
VAR
  DC    : HDC;
  Balken: PBalken; Brush: TLogBrush;
BEGIN
  DC := GetDC(HWindow);
  Balken := New(PBalken,Init(10,300,50));
  Lade_Brush(Brush,hs_Vertical,fb_rot);
  Balken^.Einfuegen(100,Brush);
  Lade_Brush(Brush,hs_BDiagonal,fb_blau);
  Balken^.Einfuegen(30,Brush);
  Lade_Brush(Brush,hs_Solid,fb_gruen);
  Balken^.Einfuegen(10,Brush);
  Balken^.Zeichnen(DC);
  Dispose(Balken,Done); ReleaseDC(HWindow,DC);
END;
```

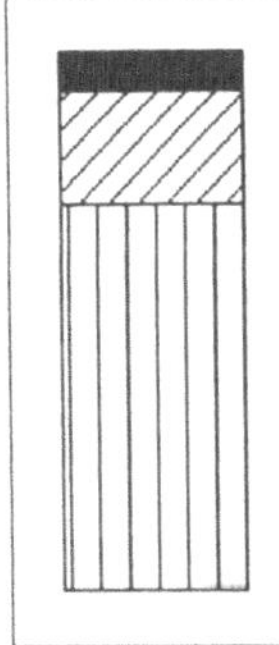

Ein **dreidimensionales Balkendiagramm** ist eigentlich eine Variante eines zweidimensionalen; daher kann es auf ein solches zurückgeführt werden. Am nebenstehenden Bild ist zu sehen, daß oben und rechts je ein Parallelogramm dazukommt.

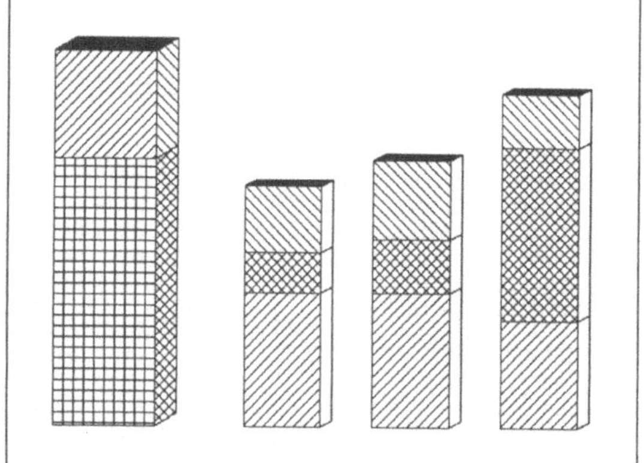

Die Objektdeklarationen lauten:

```
PBalkenTeil3D = ^TBalkenTeil3D;
TBalkenTeil3D = OBJECT(TBalkenTeil)
  Po,Pr: TLogBrush;
  CONSTRUCTOR Init
    (H    : INTEGER;
     V,O,R: TLogBrush);
END;

PBalken3D = ^TBalken3D;
TBalken3D = OBJECT(TBalken)
  Tiefe : INTEGER;
  Winkel: INTEGER; {Zehntelgrad}
  CONSTRUCTOR Init
    (X,Y: INTEGER;  {Ursprung}
     B  : INTEGER;  {Breite}
     T  : INTEGER;  {Tiefe}
     W  : INTEGER); {Winkel}
  PROCEDURE Einfuegen(H: INTEGER; V,O,R: TLogBrush);
  PROCEDURE Zeichnen(Kontext: HDC);
END;
```

Die Methoden lauten:

```
CONSTRUCTOR TBalkenTeil3D.Init;
BEGIN
  TBalkenTeil.Init(H,V);
  Po := O;
  Pr := R;
END;

CONSTRUCTOR TBalken3D.Init;
BEGIN
  TBalken.Init(X,Y,B);
  Tiefe := T;
  Winkel := W;
END;

PROCEDURE TBalken3D.Einfuegen
BEGIN
  Teile^.Insert(New(PBalkenTeil3D,Init(H,V,O,R)));
END;
```

```
PROCEDURE TBalken3D.Zeichnen;
VAR
  H: INTEGER;

  PROCEDURE CallZeichnen(P: PBalkenTeil3D); FAR;
  VAR
    Bv,Bo,Br,B_alt: HBrush;
  BEGIN
    Bv := CreateBrushIndirect(P^.Pv);
    Bo := CreateBrushIndirect(P^.Po);
    Br := CreateBrushIndirect(P^.Pr);
    B_alt := SelectObject(Kontext,Bv);
    Rectangle(Kontext,
      Ursprung.X,H-P^.Hoehe,Ursprung.X+Breite+1,H+1);
    SelectObject(Kontext,Bo);
    Parallelogramm(Kontext,
      Ursprung.X,H-P^.Hoehe,Breite,Tiefe,0,Winkel);
    SelectObject(Kontext,Br);
    Parallelogramm(Kontext,
      Ursprung.X+Breite,H,Tiefe,P^.Hoehe,Winkel,900-Winkel);
    SelectObject(Kontext,B_alt);
    DeleteObject(Bv);
    DeleteObject(Bo);
    DeleteObject(Br);
    H := H - P^.Hoehe;
  END;

BEGIN
  H := Ursprung.Y;
  Teile^.ForEach(@CallZeichnen);
END;
```

Der linke Balken im Bild auf der vorherigen Seite besteht aus zwei Teilbalken. Jeder Teilbalken benötigt drei Pinsel (für vorne, oben und rechts); das gilt auch für den unteren Teilbalken, dessen oberes Parallelogramm schließlich wieder verdeckt wird. Die Angabe der Pinsel kann mit *Lade_Brush* (Rezept W.3) erfolgen; ein Pinsel, der mehrmals verwendet wird, braucht dabei nur einmal geladen zu werden. Das Programm für den genannten Balken lautet:

```
VAR
  DC       : HDC;
  Balken   : PBalken3D;
  Bv,Bo,Br: TLogBrush;
BEGIN
  DC := GetDC(HWindow);
  Balken := New(PBalken3D,Init(100,350,80,20,300));
  Lade_Brush(Bv,hs_Cross,fb_rot);
  Lade_Brush(Bo,hs_Horizontal,fb_rot);
  Lade_Brush(Br,hs_DiagCross,fb_rot);
  Balken^.Einfuegen(200,Bv,Bo,Br);
  Lade_Brush(Bv,hs_BDiagonal,fb_blau);
  Lade_Brush(Bo,hs_Solid,fb_blau);
  Lade_Brush(Br,hs_FDiagonal,fb_blau);
  Balken^.Einfuegen(80,Bv,Bo,Br);
  Balken^.Zeichnen(DC);
  Dispose(Balken,Done);
  ReleaseDC(HWindow,DC);
END;
```

Organigramme bestehen aus Texten, die mit einem mehr oder weniger dekorativen **Rahmen** umgeben sind. Das folgende Rezept zeichnet einen doppelten, abgerundeten Rahmen und schreibt Text hinein:

```
PROCEDURE Rahmen
  (Kontext: HDC;
   Bereich: TRect;
   Dicke  : INTEGER;
   Ecke   : INTEGER;
   Zeile  : PChar);
VAR
  B: TRect;
BEGIN
  B := Bereich;
  WITH B DO RoundRect(Kontext,left,top,right,bottom,
    (right-left) DIV Ecke,(bottom-top) DIV Ecke);
  WITH B DO
    SetRect(B,left+Dicke,top+Dicke,right-Dicke,bottom-Dicke);
  WITH B DO RoundRect(Kontext,left,top,right,bottom,
    (right-left) DIV Ecke,(bottom-top) DIV Ecke);
  WITH B DO SetRect(B,left+1+((right-left) DIV (2*Ecke)),top+1,
    right-1-((right-left) DIV (2*Ecke)),bottom-1);
  RectTextOut(Kontext,B,Zeile);
END;
```

Bereich ist das Rechteck, innerhalb dessen der Rahmen liegt. *Dicke* bezeichnet den Abstand der beiden Teile des Rahmens in Pixeln; bei *Dicke* = 0 wird ein einfacher Rahmen gezeichnet. *Ecke* gibt die Abrundung der Ecken an; je kleiner dieser Wert ist, umso runder werden die Ecken. Für große Werte (etwa 100) erhält man Rechtecke; Werte < 0 sind nicht zulässig.

Das nebenstehende Organigramm, das mit der folgenden Befehlsfolge erhalten wird, zeigt einige Möglichkeiten:


```
VAR
  DC: HDC;
  B : TRect;
BEGIN
  DC := GetDC(HWindow);
  SetRect(B,200,20,400,100);
  Rahmen(DC,B,6,100,'Generaldirektor');
  SetRect(B,80,150,220,230);
  Rahmen(DC,B,4,3,'Butler');
  SetRect(B,380,150,520,230);
  Rahmen(DC,B,0,8,'Laufbursche');
  MoveTo(DC,150,150); LineTo(DC,150,125);
  LineTo(DC,450,125);
  LineTo(DC,450,150);
  MoveLine(DC,300,125,300,100-1);
  ReleaseDC(HWindow,DC);
END;
```

Eine andere Art von Rahmen sind Rechtecke, die mit einem **Schlagschatten** beliebiger Größe und Richtung ausgestattet sind. Das folgende Rezept zeichnet zunächst den Schatten, legt ein in der Hintergrundfarbe ausgefülltes Rechteck darüber und schreibt dann den Text in der aktuellen Schriftart hinein:

```
PROCEDURE RahmenSchattiert
  (Kontext: HDC;
   Bereich: TRect;
   dX,dY  : INTEGER;
   Farbe  : TColorRef;
   Zeile  : PChar);
VAR
  B      : TRect;
  P,P_alt: HBrush;
BEGIN
  P := CreateSolidBrush(Farbe);
  P_alt := SelectObject(Kontext,P);
  WITH Bereich DO SetRect(B,left+dX,top+dY,right+dX,bottom+dY);
  FillRect(Kontext,B,P);
  SelectObject(Kontext,P_alt);
  DeleteObject(P);
  WITH Bereich DO Rectangle(Kontext,left,top,right,bottom);
  WITH Bereich DO SetRect(B,left+1,top+1,right-1,bottom-1);
  RectTextOut(Kontext,B,Zeile);
END;
```

Bereich bezeichnet das Rechteck, um das der eigentliche Rahmen gezeichnet und in das der Text geschrieben wird. Unter diesem Bereich (und daher nur teilweise sichtbar) liegt ein mit *Farbe* ausgefülltes Rechteck gleicher Größe (der Schatten); *dX* und *dY* geben die Verschiebung des Schattens gegenüber *Bereich* an.

Das folgende Beispiel zeigt, wie Schatten verschiedener Richtung, Größe und Farbe erzeugt werden können:

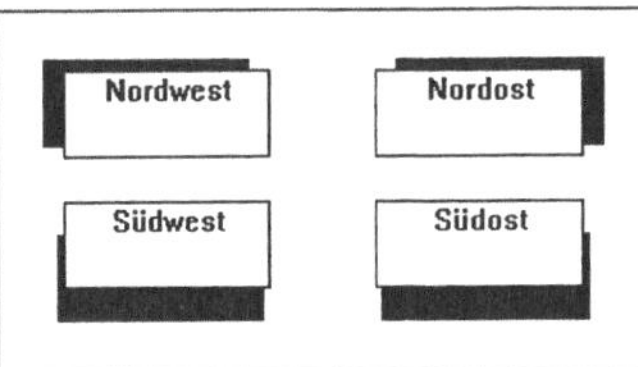


```
VAR
  DC: HDC;
  B : TRect;
BEGIN
  DC := GetDC(HWindow);
  SetRect(B,50,50,150,90);
  RahmenSchattiert(DC,B,-10,-5,fb_schwarz,'Nordwest');
  SetRect(B,200,50,300,90);
  RahmenSchattiert(DC,B,10,-5,fb_gelb,'Nordost');
  SetRect(B,50,110,150,150);
  RahmenSchattiert(DC,B,-3,15,fb_gruen,'Südwest');
  SetRect(B,200,110,300,150);
  RahmenSchattiert(DC,B,3,15,fb_violett,'Südost');
  ReleaseDC(HWindow,DC);
END;
```

Das obige Bild zeigt das Ergebnis; die verschiedenen Farben sind im Druck natürlich nicht erkennbar.

Ein **dreidimensionaler Rahmen** sieht ähnlich aus wie ein schattierter; er weist jedoch schräge Linien auf und ist daher schwieriger zu zeichnen. Aus diesem Grund ist die nebenstehende Prozedur entsprechend umfangreicher.

Die Bedeutung der Parameter ist dieselbe wie im vorherigen Rezept.

```
PROCEDURE Rahmen3D
   (Kontext: HDC;
    Bereich: TRect;
    dX,dY  : INTEGER;
    Farbe  : TColorRef;
    Zeile  : PChar);

  PROCEDURE Flaeche(X1,Y1,X2,Y2: INTEGER);
  VAR
    Punkte: ARRAY[0..3] OF TPoint;
  BEGIN
    SetPoint(Punkte[0],X1,Y1);
    SetPoint(Punkte[1],X2,Y2);
    SetPoint(Punkte[2],X2+dX,Y2+dY);
    SetPoint(Punkte[3],X1+dX,Y1+dY);
    Polygon(Kontext,Punkte,4);
  END;

VAR
  B       : TRect;
  S,S_alt: HPen;
  P,P_alt: HBrush;
BEGIN
  S := CreatePen(ps_Solid,1,Farbe);
  P := CreateSolidBrush(Farbe);
  S_alt := SelectObject(Kontext,S);
  P_alt := SelectObject(Kontext,P);
  WITH Bereich DO BEGIN
    Flaeche(left,top,right-1,top);
    Flaeche(right-1,top,right-1,bottom-1);
    Flaeche(right-1,bottom-1,left,bottom-1);
    Flaeche(left,bottom-1,left,top);
  END; {WITH}
  SelectObject(Kontext,S_alt);
  SelectObject(Kontext,P_alt);
  DeleteObject(S);
  DeleteObject(P);
  WITH Bereich DO
    Rectangle(Kontext,left,top,right,bottom);
  WITH Bereich DO
    SetRect(B,left+1,top+1,right-1,bottom-1);
  RectTextOut(Kontext,B,Zeile);
END;
```

Das nebenstehende Bild wird genauso erzeugt wie im vorherigen Rezept; es ist lediglich *RahmenSchattiert* durch *Rahmen3D* zu ersetzen.

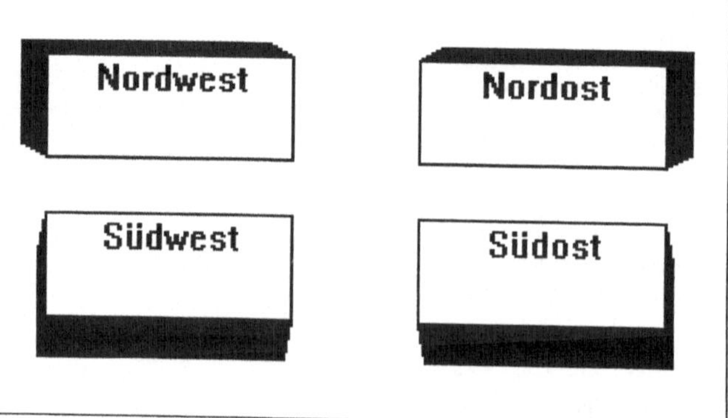

R Räumliche Bilder

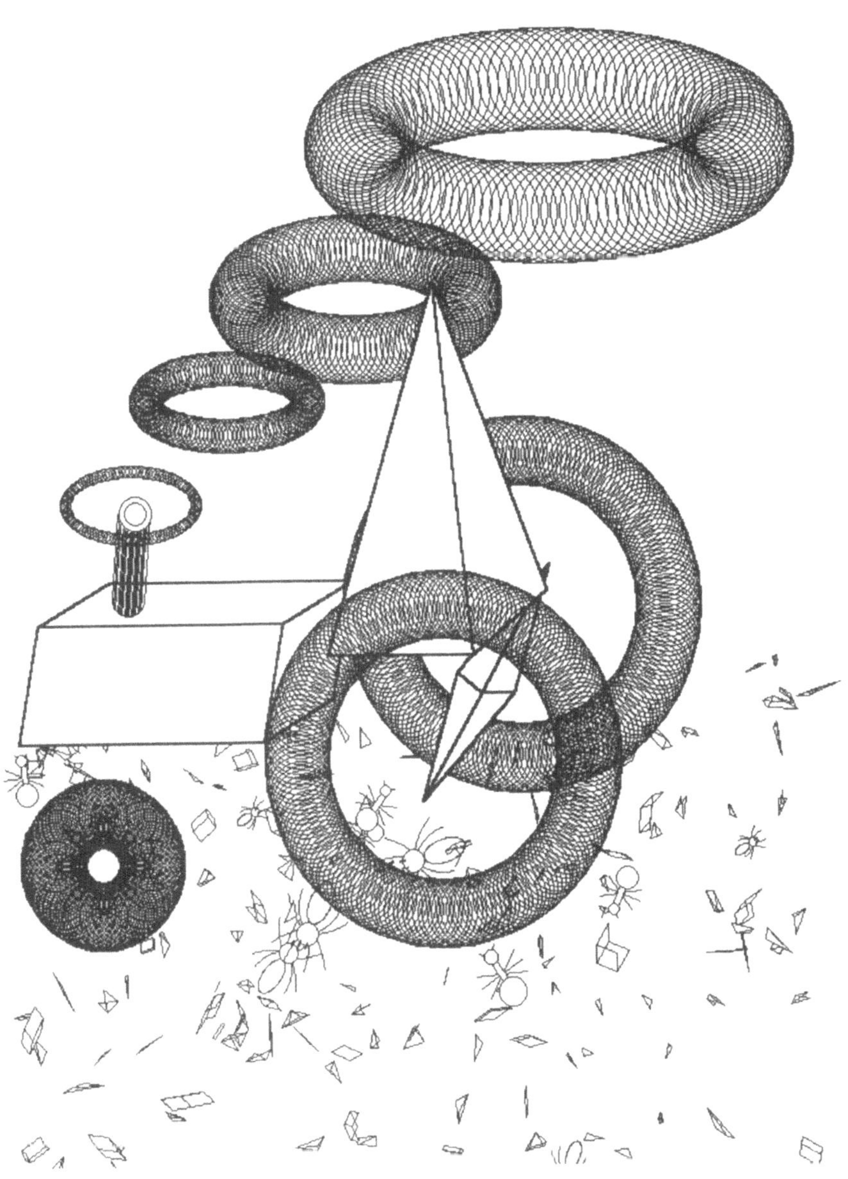

Das folgende Rezept zeichnet ein **Tetraeder**. Der Ursprung *U* und die Längen *L1,L2,L3* sind im Bild weiter unten auf dieser Seite eingetragen; *W1,W2,W3* sind die Winkel dieser Geraden zur Waagrechten in Zehntelgrad. Der Fußpunkt von *L3* liegt genau auf der Mitte von *L2*. Alle Längen und Winkel sind nicht räumlich, sondern in der Zeichenebene zu denken. *StiftV* stellt die sichtbaren, *StiftH* die verdeckten Linien dar.

```
PROCEDURE Tetraeder
  (Kontext      : HDC;
   U            : TPoint;
   L1,L2,L3     : INTEGER;
   W1,W2,W3     : INTEGER;
   StiftV,StiftH: TLogPen);
VAR
  P: ARRAY[0..4] OF TPoint; SV,SH,S_alt: HPen;
BEGIN
  P[0] := U;
  VerschiebePunktInteger(U.X,U.Y,L1,W1,P[1].X,P[1].Y);
  VerschiebePunktInteger(U.X,U.Y,L2,W2,P[2].X,P[2].Y);
  VerschiebePunktInteger(U.X,U.Y,L2 DIV 2,W2,P[4].X,P[4].Y);
  VerschiebePunktInteger(P[4].X,P[4].Y,L3,W3,P[3].X,P[3].Y);
  SV := CreatePenIndirect(StiftV); SH := CreatePenIndirect(StiftH);
  S_alt := SelectObject(Kontext,SV); Polygon(Kontext,P,4);
  MoveLine(Kontext,P[1].X,P[1].Y,P[3].X,P[3].Y);
  SelectObject(Kontext,SH);
  MoveLine(Kontext,P[0].X,P[0].Y,P[2].X,P[2].Y);
  SelectObject(Kontext,S_alt);
  DeleteObject(SV); DeleteObject(SH);
END;
```

Das nebenstehende Tetraeder wird mit folgendem Programm gezeichnet:

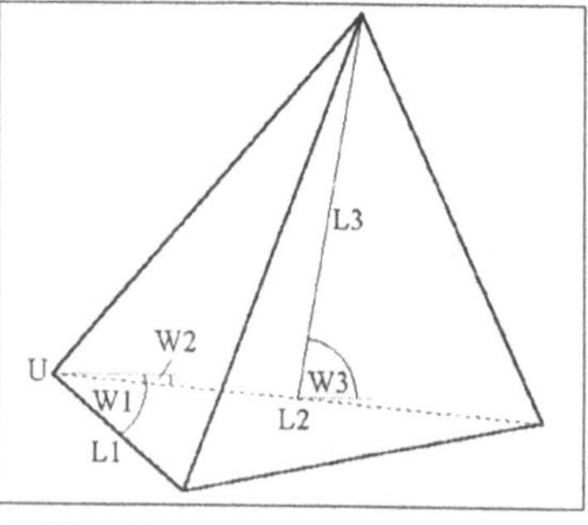


```
VAR
  DC    : HDC;
  U     : TPoint;
  SV,SH: TLogPen;
BEGIN
  DC := GetDC(HWindow);
  Lade_Pen(SV,ps_Solid,2,fb_blau);
  Lade_Pen(SH,ps_Dot,1,fb_rot);
  SetPoint(U,220,300);
  Tetraeder(DC,U,140,400,300,-400,-50,800,SV,SH);
  ReleaseDC(HWindow,DC);
END;
```

Tetraeder können beliebig im Raum liegen. Ein einfaches Rezept kann die sichtbaren und verdeckten Linien nicht immer korrekt darstellen. Eine ungeeignete Wahl der Parameter wie etwa in

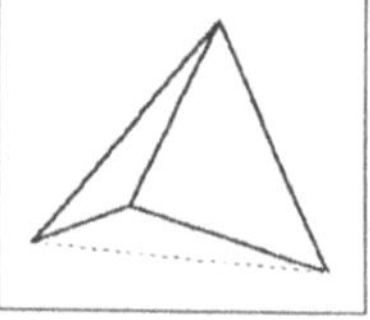

```
Tetraeder(DC,U,70,200,150,200,-50,800,SV,SH);
```

wodurch das nebenstehende Bild erhalten wurde, führt zu einer unrichtigen Darstellung.

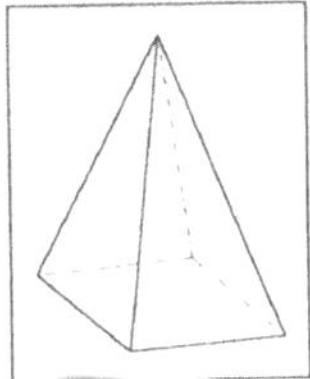

```
PROCEDURE Pyramide
  (Kontext       : HDC;
   U             : TPoint;
   L1,L2,L3      : INTEGER;
   W1,W2,W3      : INTEGER;
   StiftV,StiftH: TLogPen);
VAR
  P           : ARRAY[0..5] OF TPoint;
  SV,SH,S_alt: HPen;
BEGIN
  P[0] := U;
  VerschiebePunktInteger(U.X,U.Y,L1,W1,P[1].X,P[1].Y);
  VerschiebePunktInteger(U.X,U.Y,L2,W2,P[4].X,P[4].Y);
  VerschiebePunktInteger
    (P[1].X,P[1].Y,L2,W2,P[2].X,P[2].Y);
  SetPoint(P[5],
    (P[1].X+P[4].X) DIV 2,(P[1].Y+P[4].Y) DIV 2);
  VerschiebePunktInteger
    (P[5].X,P[5].Y,L3,W3,P[3].X,P[3].Y);
  SV := CreatePenIndirect(StiftV);
  SH := CreatePenIndirect(StiftH);
  S_alt := SelectObject(Kontext,SV);
  Polygon(Kontext,P,4);
  MoveLine(Kontext,P[1].X,P[1].Y,P[3].X,P[3].Y);
  SelectObject(Kontext,SH);
  MoveLine(Kontext,P[4].X,P[4].Y,P[0].X,P[0].Y);
  MoveLine(Kontext,P[4].X,P[4].Y,P[2].X,P[2].Y);
  MoveLine(Kontext,P[4].X,P[4].Y,P[3].X,P[3].Y);
  SelectObject(Kontext,S_alt);
  DeleteObject(SV);
  DeleteObject(SH);
END;
```

Mit dem nebenstehenden Rezept können Sie eine **Pyramide** zeichnen. Die Größenverhältnisse und die Winkel können Sie dem Bild weiter unten auf dieser Seite entnehmen; sie sind ähnlich wie in Rezept R.1 zu verstehen.

Das folgende Programm ergibt die nebenstehende Pyramide; die verschiedenen Farben können natürlich nicht gedruckt werden. Zusätzlich sind Längen und Winkel eingezeichnet:

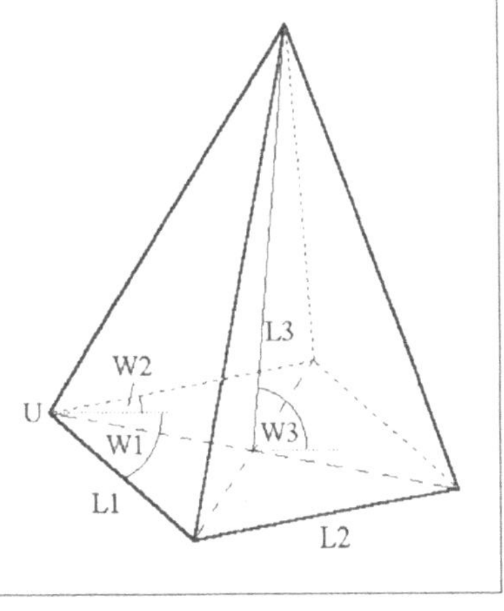


```
VAR
  DC    : HDC;
  U     : TPoint;
  SV,SH: TLogPen;
BEGIN
  DC := GetDC(HWindow);
  Lade_Pen(SV,ps_Solid,2,fb_blau);
  Lade_Pen(SH,ps_Dot,1,fb_rot);
  SetPoint(U,300,300);
  Pyramide(DC,U,140,200,300,
    -400,100,850,SV,SH);
  ReleaseDC(HWindow,DC);
END;
```

Die obere Pyramide auf dieser Seite erhält man folgendermaßen:

```
Pyramide(DC,U,140,180,300,-400,50,900,SV,SH);
```

Mit dem folgenden Rezept können Sie einen **Würfel** zeichnen; Ursprung, Abmessungen und Winkel sehen Sie weiter unten auf dieser Seite:

```
PROCEDURE Wuerfel
   (Kontext       : HDC;
    U             : TPoint;
    L1,L2,L3      : INTEGER;
    W1,W2,W3      : INTEGER;
    StiftV,StiftH: TLogPen);
VAR
  P           : ARRAY[0..8] OF TPoint;
  SV,SH,S_alt: HPen;
BEGIN
  P[0] := U; P[6] := U;
  VerschiebePunktInteger(U.X,U.Y,L1,W1,P[1].X,P[1].Y);
  VerschiebePunktInteger(U.X,U.Y,L2,W2,P[8].X,P[8].Y);
  VerschiebePunktInteger(U.X,U.Y,L3,W3,P[5].X,P[5].Y);
  VerschiebePunktInteger(P[1].X,P[1].Y,L2,W2,P[2].X,P[2].Y);
  VerschiebePunktInteger(P[1].X,P[1].Y,L3,W3,P[7].X,P[7].Y);
  VerschiebePunktInteger(P[5].X,P[5].Y,L2,W2,P[4].X,P[4].Y);
  VerschiebePunktInteger(P[2].X,P[2].Y,L3,W3,P[3].X,P[3].Y);
  SV := CreatePenIndirect(StiftV);
  SH := CreatePenIndirect(StiftH);
  S_alt := SelectObject(Kontext,SV);
  Polygon(Kontext,P,6);
  MoveLine(Kontext,P[7].X,P[7].Y,P[5].X,P[5].Y);
  MoveLine(Kontext,P[7].X,P[7].Y,P[3].X,P[3].Y);
  MoveLine(Kontext,P[7].X,P[7].Y,P[1].X,P[1].Y);
  SelectObject(Kontext,SH);
  MoveLine(Kontext,P[8].X,P[8].Y,P[2].X,P[2].Y);
  MoveLine(Kontext,P[8].X,P[8].Y,P[0].X,P[0].Y);
  MoveLine(Kontext,P[8].X,P[8].Y,P[4].X,P[4].Y);
  SelectObject(Kontext,S_alt);
  DeleteObject(SV); DeleteObject(SH);
END;
```

Der nebenstehende Würfel wird mit dem folgenden Programm gezeichnet. *DC* ist der Bildschirmkontext:

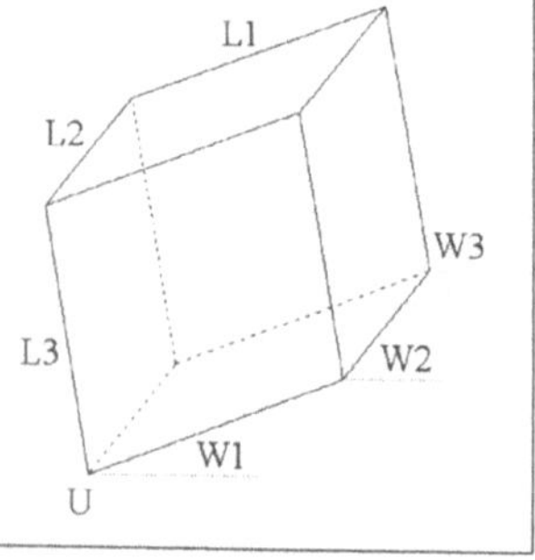


```
VAR
  U     : TPoint;
  SV,SH: TLogPen;
BEGIN
  Lade_Pen(SV,ps_Solid,1,fb_blau);
  Lade_Pen(SH,ps_Dot,1,fb_rot);
  SetPoint(U,300,350);
  Wuerfel(DC,U,
    200,100,190,200,500,1000,SV,SH);
END;
```

Einen "gewöhnlichen" Würfel (vgl. das Bild ganz oben) erhalten Sie so:

```
Lade_Pen(SV,ps_Solid,3,fb_schwarz);
Lade_Pen(SH,ps_Null,1,fb_schwarz);
Wuerfel(DC,U,50,30,50,0,300,900,SV,SH);
```

Ein **Oktaeder** besteht aus zwei Pyramiden, die mit ihren Grundflächen aneinandergesetzt wurden. Die Längen und Winkel sind daher genauso definiert wie im Pyramiden-Rezept R.2.

```
PROCEDURE Oktaeder
  (Kontext       : HDC;
   U             : TPoint;
   L1,L2,L3      : INTEGER;
   W1,W2,W3      : INTEGER;
   StiftV,StiftH: TLogPen);
VAR
  P           : ARRAY[0..6] OF TPoint;
  SV,SH,S_alt: HPen;
BEGIN
  P[0] := U;
  VerschiebePunktInteger(U.X,U.Y,L1,W1,P[4].X,P[4].Y);
  VerschiebePunktInteger(U.X,U.Y,L2,W2,P[5].X,P[5].Y);
  VerschiebePunktInteger(P[4].X,P[4].Y,L2,W2,P[2].X,P[2].Y);
  SetPoint(P[6],(P[4].X+P[5].X) DIV 2,(P[4].Y+P[5].Y) DIV 2);
  VerschiebePunktInteger(P[6].X,P[6].Y,L3,W3,P[3].X,P[3].Y);
  VerschiebePunktInteger(P[6].X,P[6].Y,-L3,W3,P[1].X,P[1].Y);
  SV := CreatePenIndirect(StiftV);
  SH := CreatePenIndirect(StiftH);
  S_alt := SelectObject(Kontext,SV);
  Polygon(Kontext,P,4);
  MoveLine(Kontext,P[4].X,P[4].Y,P[0].X,P[0].Y);
  MoveLine(Kontext,P[4].X,P[4].Y,P[1].X,P[1].Y);
  MoveLine(Kontext,P[4].X,P[4].Y,P[2].X,P[2].Y);
  MoveLine(Kontext,P[4].X,P[4].Y,P[3].X,P[3].Y);
  SelectObject(Kontext,SH);
  MoveLine(Kontext,P[5].X,P[5].Y,P[0].X,P[0].Y);
  MoveLine(Kontext,P[5].X,P[5].Y,P[1].X,P[1].Y);
  MoveLine(Kontext,P[5].X,P[5].Y,P[2].X,P[2].Y);
  MoveLine(Kontext,P[5].X,P[5].Y,P[3].X,P[3].Y);
  SelectObject(Kontext,S_alt);
  DeleteObject(SV);
  DeleteObject(SH);
END;
```

Beim nebenstehenden Oktaeder werden die sichtbaren Linien mit einem dicken, die verdeckten mit einem gepunkteten Stift gezeichnet:

```
VAR
  DC   : HDC;
  U    : TPoint;
  SV,SH: TLogPen;
BEGIN
  DC := GetDC(HWindow);
  Lade_Pen(SV,ps_Solid,3,fb_blau);
  Lade_Pen(SH,ps_Dot,1,fb_rot);
  SetPoint(U,300,170);
  Oktaeder(DC,U,140,180,190,
    -400,50,800,SV,SH);
  ReleaseDC(HWindow,DC);
END;
```

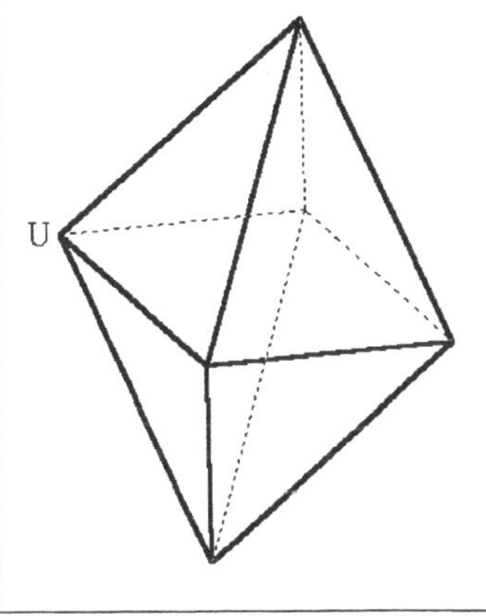

Verschiedene Arten von **Zylindern** und **Rohren** können Sie mit der folgenden Prozedur zeichnen. Die Abmessungen sind dem nebenstehenden Bild (*W* = 900, also 90°) zu entnehmen. Mit *Boegen* > 0 können Sie zusätzlich Halbkreise, mit *Linien* > 0 Striche zeichnen; Beispiele sehen Sie im Bild auf der nächsten Seite.

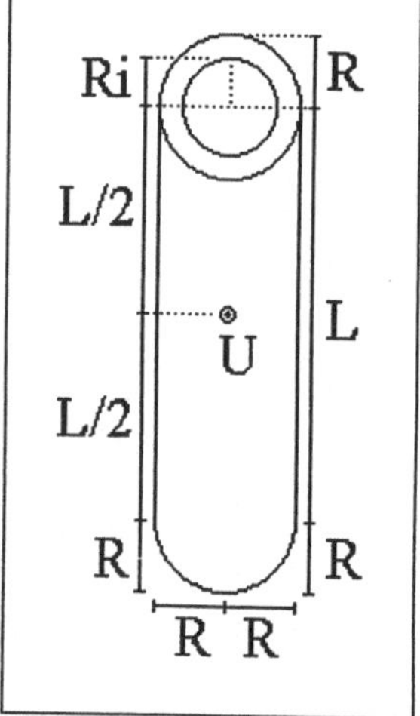

Die einzelnen Parameter haben folgende Bedeutung:

U ist der "Ursprung" des Zylinders und dient zur genauen Positionierung auf dem Bildschirm.

L ist die Länge des geraden Teils des Zylinders (die maximale Länge beträgt 2*R*+*L*).

R ist der Radius der abschließenden Kreise des Zylinders; die Breite des Zylinders beträgt 2*R*.

Ri ist der Radius des inneren Kreises und sollte (außer für Spezialeffekte) < *R* gewählt werden. Bei *Ri* = 0 wird er nicht gezeichnet; ein Beispiel für *Ri* > *R* sehen Sie im Bild auf der folgenden Seite unter 5.

```
PROCEDURE Zylinder
  (Kontext: HDC;
   U      : TPoint;
   L      : INTEGER;
   R,Ri   : INTEGER;
   Boegen : WORD;
   Linien : WORD;
   W      : INTEGER);
VAR
  Mx,My,Sx,Sy,Tx,Ty,Mlx,Mly,Slx,Sly,Tlx,Tly: INTEGER;
  d: INTEGER;
  i: WORD;
BEGIN
  VerschiebePunktInteger(U.X,U.Y,-L DIV 2,W,Mx,My);
  VerschiebePunktInteger(Mx,My,-R,W-900,Sx,Sy);
  VerschiebePunktInteger(Mx,My,R,W-900,Tx,Ty);
  FOR i:=0 TO Boegen DO BEGIN
    d := i*L DIV (Boegen+1);
    VerschiebePunktInteger(Mx,My,d,W,Mlx,Mly);
    VerschiebePunktInteger(Sx,Sy,d,W,Slx,Sly);
    VerschiebePunktInteger(Tx,Ty,d,W,Tlx,Tly);
    Arc(Kontext,Mlx-R,Mly-R,Mlx+R+1,Mly+R+1,Slx,Sly,Tlx,Tly);
  END; {FOR}
  FOR i:=0 TO Linien+1 DO BEGIN
    d := 2*i*R DIV (Linien+1);
    VerschiebePunktInteger(Sx,Sy,d,W-900,Slx,Sly);
    VerschiebePunktInteger(Slx,Sly,-IntRound
      (Sqrt(Sqr(R*1.0)-Sqr((R-d)*1.0))),W,Slx,Sly);
    LineWinkel(Kontext,Slx,Sly,L,W);
  END; {FOR}
  VerschiebePunktInteger(U.X,U.Y,L DIV 2,W,Mx,My);
  Ellipse(Kontext,Mx-R,My-R,Mx+R+1,My+R+1);
  Ellipse(Kontext,Mx-Ri,My-Ri,Mx+Ri+1,My+Ri+1);
END;
```

Im Bild unten sehen Sie eine Reihe verschiedener Zylinder, die alle mit diesem Rezept gezeichnet wurden. Für jedes Exemplar folgt eine Beschreibung mit Angabe des Prozeduraufrufs:

1) "Vollzylinder" ($Ri = 0$), um 20° gegen die Waagrechte verdreht:

```
Zylinder(DC,U,200,30,0,0,0,200);
```

2) "Hohlzylinder" ($0 < Ri < R$) mit 25 Bögen zur Verstärkung des Raumeindrucks:

```
Zylinder(DC,U,180,40,30,25,0,1000);
```

3) Senkrechter ($W = 90°$) Hohlzylinder ohne Bögen und Linien:

```
Zylinder(DC,U,170,30,20,0,0,900);
```

4) Waagrechter ($W = 180°$) Hohlzylinder mit sehr vielen Bögen:

```
Zylinder(DC,U,200,30,20,80,0,1800);
```

5) Spezialfall mit $Ri > R$:

```
Zylinder(DC,U,100,20,25,16,0,100);
```

6) Hohlzylinder mit 5 Linien zur Verstärkung des Raumeindrucks:

```
Zylinder(DC,U,200,30,20,0,5,-450);
```

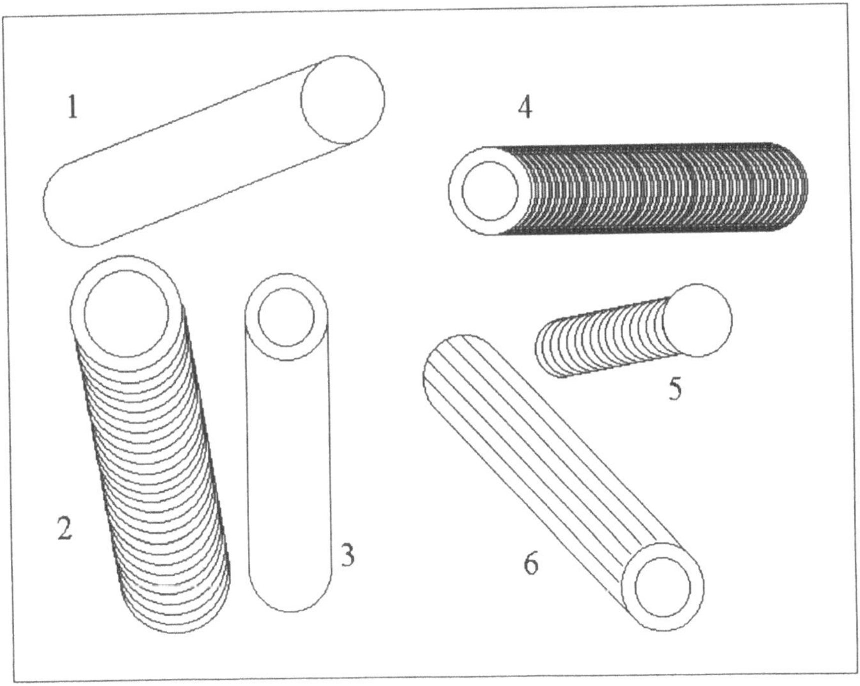

Ein Ring oder **Torus** kann durch eine größere Anzahl gleichgroßer Kreise, deren Mittelpunkte auf einer Ellipse liegen, leicht realisiert werden. Die nebenstehende Prozedur erledigt das.

```
PROCEDURE Torus
  (Kontext: HDC;
   U       : TPoint;
   A       : INTEGER;
   B       : INTEGER;
   R       : INTEGER;
   W       : INTEGER;
   Kreise  : INTEGER);
VAR
  i     : INTEGER;
  C,S   : REAL;
  d     : REAL;
  Mx,My: INTEGER;
BEGIN
  C := Cos(PiZehntelgrad*W);
  S := -Sin(PiZehntelgrad*W);
  d := 2*Pi/Kreise;
  FOR i:=1 TO Kreise DO BEGIN
    Mx := IntRound(A*cos(i*d)*C
          -B*sin(i*d)*S)+U.X;
    My := IntRound(A*cos(i*d)*S
          +B*sin(i*d)*C)+U.Y;
    Arc(Kontext,Mx-R,My-R,Mx+R+1,
      My+R+1,Mx+R,My,Mx+R,My);
  END; {FOR}
END;
```

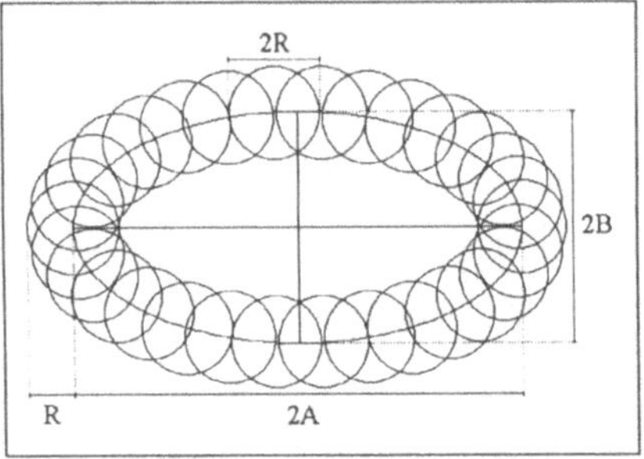

Das obige Bild zeigt ein Beispiel mit 30 Kreisen und $W = 0$; die Abmessungen sind zusätzlich eingezeichnet.

Einen starken räumlichen Eindruck bekommt man, wenn man genügend viele Kreise zeichnet. Das nebenstehende Gebilde wurde mit 500 Kreisen und einem Winkel von 20° erzeugt:

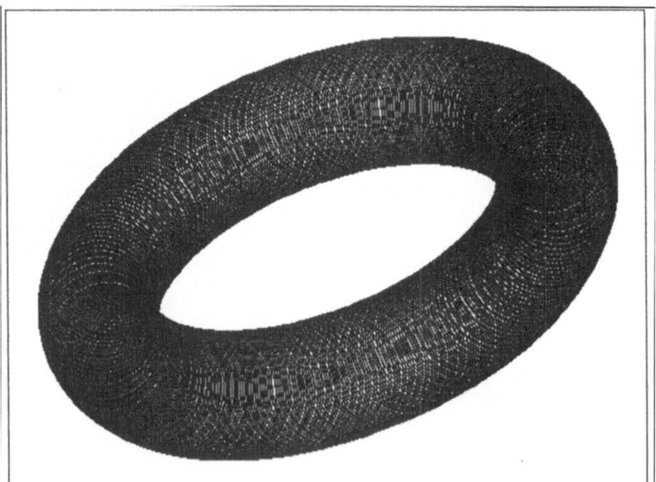

```
VAR
  DC: HDC;
  U : TPoint;
BEGIN
  DC := GetDC(HWindow);
  SetPoint(U,300,200);
  Torus(DC,U,200,100,50,200,500);
  ReleaseDC(HWindow,DC);
END;
```

S SCHREIBEN

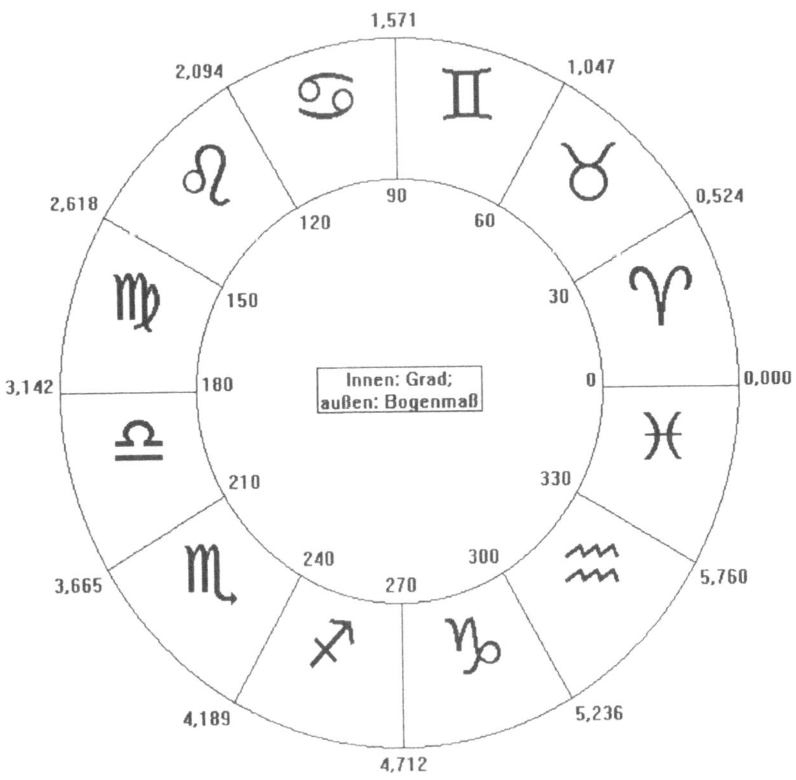

Grad	Bogenmaß	sin x	cos x	tan x
10	0,1745329252	0,1736481777	0,9848077530	0,1763269807
20	0,3490658504	0,3420201433	0,9396926208	0,3639702343
30	0,5235987756	0,5000000000	0,8660254038	0,5773502692
40	0,6981317008	0,6427876097	0,7660444431	0,8390996312
50	0,8726646260	0,7660444431	0,6427876097	1,1917535926
60	1,0471975512	0,8660254038	0,5000000000	1,7320508076
70	1,2217304764	0,9396926208	0,3420201433	2,7474774195
80	1,3962634016	0,9848077530	0,1736481777	5,6712818196
90	1,5707963268	1,0000000000	0,0000000000	
100	1,7453292520	0,9848077530	-0,1736481777	-5,6712818196
110	1,9198621772	0,9396926208	-0,3420201433	-2,7474774195
120	2,0943951024	0,8660254038	-0,5000000000	-1,7320508076
130	2,2689280276	0,7660444431	-0,6427876097	-1,1917535926
140	2,4434609528	0,6427876097	-0,7660444431	-0,8390996312
150	2,6179938780	0,5000000000	-0,8660254038	-0,5773502692

Für die Textausgabe ist die Standardfunktion *TextOut* vorgesehen. Sie erfordert jedoch den Text als einen nullterminierten String; zusätzlich muß die Anzahl der auszugebenden Zeichen angegeben werden. Will man einen Pascal-String ausgeben, so muß man diesen zuerst umwandeln. Das folgende Rezept erledigt diese Arbeit:

```
PROCEDURE TextOutString
  (Kontext: HDC;
   X,Y     : INTEGER; {Start der Textausgabe}
   S       : STRING); {Auszugebender Text}
VAR
  A: ARRAY[0..255] OF CHAR;
BEGIN
  TextOut(Kontext,X,Y,StrPCopy(A,S),Length(S));
END;
```

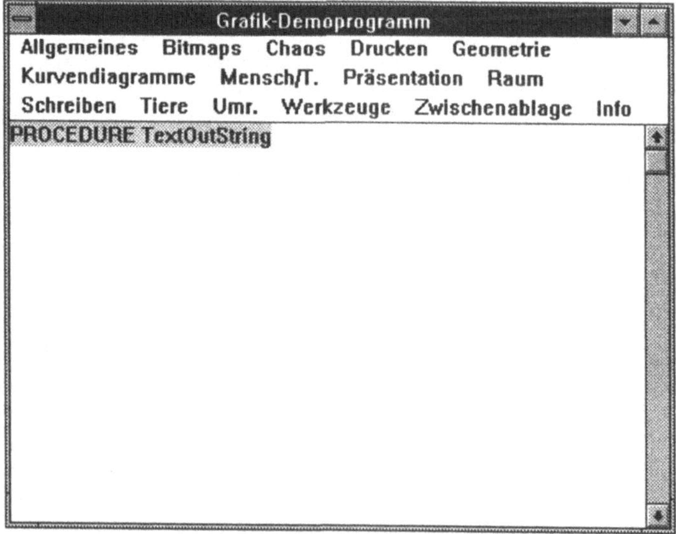

Das obige Bild stellt ein Fenster dar. Das Programm

```
VAR
  DC   : HDC;
  Zeile: STRING;
BEGIN
  DC := GetDC(HWindow);
  Zeile := 'PROCEDURE TextOutString';
  TextOutString(DC,0,0,Zeile);
  ReleaseDC(HWindow,DC);
END;
```

schreibt den Text in die linke obere Ecke. Dabei wird die aktuelle Schrift in der aktuellen Textfarbe verwendet; der ausgegebene Text wird mit der aktuellen Hintergrundfarbe hinterlegt.

Die Standardfunktionen zur Textausgabe schreiben den ganzen übergebenen Text in eine einzige Zeile. Will man den Text in einem vorgegebenen Rechteck unterbringen, so muß man an geeigneten Stellen einen Zeilenumbruch vornehmen. Das folgende Rezept erledigt das:

```
PROCEDURE RectTextOut(Kontext: HDC; Bereich: TRect; Zeile: PChar);
VAR
  Puffer,Start,Ende,E: PChar;
  X,Y,Hoehe          : INTEGER;
  TextAlign          : WORD;
BEGIN
  GetMem(Puffer,StrLen(Zeile)+1);
  TextAlign := SetTextAlign(Kontext,ta_Center);
  Hoehe := HiWord(GetTextExtent(Kontext,Zeile,StrLen(Zeile)));
  Y := Bereich.top; X := Bereich.right-Bereich.left;
  Start := Puffer;
  WHILE Start<Puffer+StrLen(Zeile) DO BEGIN
    Ende := Puffer+StrLen(Zeile);
    StrCopy(Puffer,Zeile);
    WHILE NOT (LoWord(GetTextExtent(Kontext,Start,Ende-Start))<=X)
    DO BEGIN
      E := StrRScan(Start,' ');
      IF E=NIL THEN Dec(Ende) ELSE Ende := E;
      Ende[0] := #0;
    END; {WHILE NOT Platz_vorhanden}
    ExtTextOut(Kontext,Bereich.left+X DIV 2,Y,eto_Clipped,@Bereich,
      Start,Ende-Start,NIL);
    Inc(Y,Hoehe); Start := Ende+1;
  END; {WHILE StrLen}
  SetTextAlign(Kontext,TextAlign);
  FreeMem(Puffer,StrLen(Zeile)+1);
END;
```

Der Parameter *Bereich* gibt das Rechteck an, das für den Text zur Verfügung steht; eine eventuelle Umrandung muß außerhalb von *Bereich* gezeichnet werden.

Zeile ist ein Zeiger auf den anzuzeigenden Text; dieser wird nicht als *STRING* angegeben, da er mehr als 255 Zeichen umfassen kann. Bei Bedarf wird der Text an Leerstellen umgebrochen; wenn ein Wort länger als die Breite des Rechtecks ist, wird es nicht korrekt angezeigt. Wenn der Text zu lang ist, wird er abgeschnitten. Die Anzeige erfolgt zentriert und mit der aktuellen Schriftart.

Der nebenstehende Text einschließlich des Rahmens wird mit nachstehender Befehlsfolge in ein Fenster gezeichnet:

Tausendfüßler sind
recht urtümliche

```
SetRect(B,10,10,135,37);
WITH B DO Rectangle(DC,left-1,top-1,right+1,bottom+1);
RectTextOut(DC,B,'Tausendfüßler sind recht urtümliche Tiere.');
```

DC ist der Bildschirmkontext, *B* hat den Typ *TRect*.

```
CONST
  ff_Normal  = Variable_Pitch OR ff_Roman;
  ff_Courier = Fixed_Pitch OR ff_Roman;
  ff_Helv    = Variable_Pitch OR ff_Swiss;
  ff_HelvFix = Fixed_Pitch OR ff_Swiss;
```

Unter WINDOWS kann man eine Anzahl von Schriften in verschiedenen Größen einsetzen. Allerdings ist es aufwendig, eine einzelne Schrift festzulegen, da man jedes Mal eine große Anzahl von Parametern vorgeben muß. Das nebenstehende Rezept erleichtert diese Arbeit; es müssen lediglich die Schriftgröße und der Zeichensatz übergeben werden. Einige nützliche Familienkonstanten sind ebenfalls definiert.

```
FUNCTION Create_Schrift
  (Hoehe: INTEGER; Familie: BYTE): HFont;
VAR
  LogFont: TLogFont;
BEGIN
  WITH LogFont DO BEGIN
    lfHeight := Hoehe;
    lfWidth := 0;
    lfEscapement := 0;
    lfOrientation := 0;
    lfWeight := fw_Normal;
    lfItalic := 0;
    lfUnderline := 0;
    lfStrikeOut := 0;
    lfCharSet := ANSI_CharSet;
    lfOutPrecision := Out_Default_Precis;
    lfClipPrecision := Clip_Default_Precis;
    lfQuality := Default_Quality;
    lfPitchAndFamily := Familie;
    StrCopy(@lfFaceName,'Tms New Rmn');
  END; {WITH}
  Create_Schrift := CreateFontIndirect(LogFont);
END;
```

Das nebenstehende Bild zeigt einige Schriftproben; eine typische Befehlsfolge lautet:

Höhe: 10; Zeichensatz: ff_Normal

Höhe: 15; Zeichensatz: ff_Normal

Höhe: 20; Zeichensatz: ff_Normal

Höhe: 20; Zeichensatz: ff_Courier

Höhe: 20; Zeichensatz: ff_Helv

Höhe und Schriftart: Default

```
VAR
  DC      : HDC;
  F,F_alt: HFont;
BEGIN
  DC := GetDC(HWindow);
  ...
  F := Create_Schrift(10,ff_Normal); F_alt := SelectObject(DC,F);
{Schreiben}
  SelectObject(DC,F_alt); DeleteObject(F);
  ...
  ReleaseDC(HWindow,DC);
END;
```

Die verfügbaren Schriftarten hängen von der Konfiguration Ihres Systems ab. *Tms New Rmn* ist Bestandteil von WINDOWS 3.1; mit WINDOWS 3.0 sollten Sie *Tms Rmn* verwenden. Eine Anleitung zur Ermittlung der vorhandenen Schriftarten finden Sie z.B. in [2], Kap. 18.

```
FUNCTION Create_SchriftW
  (Hoehe   : INTEGER;
   Winkel  : INTEGER;
   CharSet: BYTE;
   Familie: BYTE;
   Face    : PChar): HFont;
VAR
  LogFont: TLogFont;
BEGIN
  WITH LogFont DO BEGIN
    lfHeight := Hoehe;
    lfWidth := 0;
    lfEscapement := Winkel;
    lfOrientation := 0;
    lfWeight := fw_Normal;
    lfItalic := 0;
    lfUnderline := 0;
    lfStrikeOut := 0;
    lfCharSet := CharSet;
    lfOutPrecision := Out_Default_Precis;
    lfClipPrecision := Clip_Default_Precis;
    lfQuality := Default_Quality;
    lfPitchAndFamily := Familie;
    StrCopy(@lfFaceName,Face);
  END; {WITH}
  Create_SchriftW := CreateFontIndirect(LogFont);
END;
```

Das vorhergehende Rezept war dazu gedacht, einfache Schriften von verschiedener Höhe und mit festem bzw. variablem Zeichenabstand zu erzeugen. Die Möglichkeiten, die vor allem WINDOWS 3.1 bietet, konnten damit bei weitem nicht ausgeschöpft werden. Das nebenstehende Rezept ermöglicht es, schräg zu schreiben und verschiedene Sonderzeichen zu erzeugen.

	Normal-Zeichensatz	Symbol-Zeichensatz	Wingdings-Z.
CharSet	*ANSI_CharSet*	*Symbol_CharSet*	*Symbol_CharSet*
Familie	*ff_HelvFix*	*ff_Normal*	*ff_HelvFix*
Face	*'Tms New Rmn'*	*'Tms New Rmn'*	*'Wingdings'*
	¥"FÜ³ XYZ	∞∀Φ⇐Ζξψζ	◎✂✎☻¤☒⍓⌘

Die Schriften in der obigen Tabelle wurden mit *Hoehe* = 40 und *Winkel* = 300 erzeugt; die übrigen verwendeten Parameter sind jeweils angegeben.

Die Schriften *Tms New Roman* und *Wingdings* sind erst in WINDOWS 3.1 verfügbar.

Die Zeichen, die im Symbol- und im Wingdings-Zeichensatz enthalten sind, können Sie mit der zu WINDOWS 3.1 gehörenden Anwendung "Zeichentabelle" anschauen.

Häufig möchte man an das Äußere eines Kreises Beschriftungen anbringen. Ein typischer Anwendungsfall sind Tortendiagramme. Die Textausrichtung muß dabei an die Lage des Textes relativ zum Kreis angepaßt werden. Das folgende Rezept erleichtert Ihnen diese Aufgabe.

Vorzugeben sind der Punkt (*X,Y*) auf dem Kreisumfang, an dem der Text den Kreis berühren soll, sowie der Winkel *W* (gemessen in Zehntelgrad zur Waagrechten im Gegenuhrzeigersinn), den die Verbindungslinie zwischen diesem Punkt und dem Kreismittelpunkt bildet. Am oberen Bild auf der nächsten Seite sind die Verhältnisse zu sehen. *S* ist der auszugebende Text.

```
PROCEDURE TextOutStringW
  (Kontext: HDC;
   X,Y     : INTEGER;
   S       : STRING;
   W       : INTEGER);
VAR
  V         : INTEGER;
  p,q       : INTEGER;
  A,B       : WORD;
  TextAlign: WORD;
BEGIN
  V := W MOD 3600;
  IF V=0 THEN A := ta_BaseLine
    ELSE IF V<1800 THEN A := ta_Bottom
    ELSE IF V=1800 THEN A := ta_BaseLine
    ELSE A := ta_Top;
  V := (W+2700) MOD 3600;
  IF V=0 THEN B := ta_Center
    ELSE IF V<1800 THEN B := ta_Right
    ELSE IF V=1800 THEN B := ta_Center
    ELSE B := ta_Left;
  TextAlign := SetTextAlign(Kontext,A OR B);
  VerschiebePunktInteger
    (X,Y,HiWord(GetTextExtent(Kontext,' ',1)) DIV 4,W,p,q);
  TextOutString(Kontext,p,q,S);
  SetTextAlign(Kontext,TextAlign);
END;
```

Das Bild auf der nächsten Seite zeigt das Ergebnis des Rezepts; je nach *W* gibt es acht qualitativ verschiedene Möglichkeiten. Im folgenden Programm wurde jeweils mit *VerschiebePunktInteger* der Punkt (*X,Y*) ermittelt und dann mit *TextOutStringW* der Text gezeichnet. (*Mx,My*) ist der Mittelpunkt des Kreises:

```
CONST
  R  = 150;
  Mx = 300;
  My = 200;
VAR
  DC: HDC;
  X : INTEGER;
  Y : INTEGER;
  W : INTEGER;
```

```
BEGIN
  DC := GetDC(HWindow);
  Ellipse(DC,
    Mx-R,My-R,Mx+R,My+R);
  W := 0;
  VerschiebePunktInteger
    (Mx,My,R,W,X,Y);
  MoveLine(DC,Mx,My,X,Y);
  TextOutStringW
    (DC,X,Y,'Ost',W);
  W := 350;
  VerschiebePunktInteger
    (Mx,My,R,W,X,Y);
  MoveLine(DC,Mx,My,X,Y);
  TextOutStringW
    (DC,X,Y,'Nordost',W);
{Analog für die anderen
  Beschriftungen}
  ReleaseDC(HWindow,DC);
END;
```

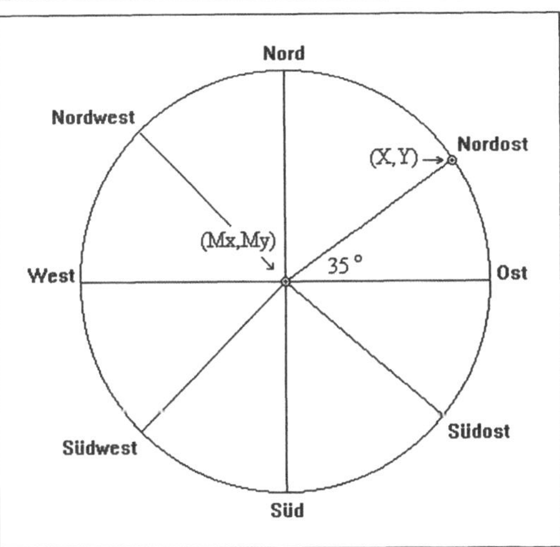

Um eine Beschriftung an das Innere eines Kreises anzubringen, hat man einfach *W* durch *W* + 1800 zu ersetzen. Das nebenstehende Bild erhält man so:

```
CONST
  R  = 150;
  Mx = 300;
  My = 200;
VAR
  DC : HDC;
  X,Y: INTEGER;
  W  : INTEGER;
  i  : BYTE;
BEGIN
  DC := GetDC(HWindow);
  Ellipse(DC,Mx-R,My-R,Mx+R,My+R);
  FOR i:=1 TO 14 DO BEGIN
    W := i*225;
    VerschiebePunktInteger(Mx,My,R,W,X,Y);
    TextOutStringW(DC,X,Y,CHAR(BYTE('A')+i-1),W+1800);
  END; {FOR}
  ReleaseDC(HWindow,DC);
END;
```

Wenn eine REAL-Zahl anzuzeigen ist, muß sie zuerst in einen String umgewandelt werden. Die Standardprozedur *Str* setzt hierbei einen Dezimalpunkt, der noch in ein Komma umzuwandeln ist. Das folgende Rezept zeigt eine reelle Zahl in einer Festkommadarstellung an:

```
PROCEDURE RealOut
  (Kontext   : HDC;
   X,Y       : INTEGER; {Start der Textausgabe}
   R         : REAL;    {Auszugebender Wert}
   DezStellen: BYTE);
BEGIN
  TextOutString(Kontext,X,Y,Real_in_String_fest(R,DezStellen));
END;
```

Hierin wird die *REAL*-Zahl *R* mit dem Hilfsprogramm

```
FUNCTION Real_in_String_fest
  (R         : REAL;
   DezStellen: BYTE): STRING;
VAR
  Ergebnis: STRING;
  i       : BYTE;
BEGIN
  IF DezStellen=0 THEN BEGIN
    Str(R:1:1,Ergebnis);
    Delete(Ergebnis,Length(Ergebnis)-1,2);
  END
  ELSE
    Str(R:1:DezStellen,Ergebnis);
  FOR i:=1 TO Length(Ergebnis) DO
    IF Ergebnis[i]='.' THEN Ergebnis[i] := ',';
  Real_in_String_fest := Ergebnis;
END;
```

in eine Festkommadarstellung ohne führende Leerstellen umgewandelt.

Das Titelbild dieses Kapitels zeigt einige Anwendungen. Die Spalte "sin *x*" in der Tabelle der trigonometrischen Funktionen wird beispielsweise wie nebenstehend erzeugt:

```
VAR
  DC        : HDC;
  i         : INTEGER;
  Y         : INTEGER;
  TextAlign: WORD;
  F2        : HFont;
  F_alt     : HFont;
BEGIN
  ...
  F2 := Create_Schrift(15,Fixed_Pitch OR ff_Swiss);
  TextAlign := SetTextAlign(DC,ta_Right);
  F_alt := SelectObject(DC,F2);
  Y := 577;
  FOR i:=1 TO 15 DO BEGIN
    RealOut(DC,330,Y,sin(i*100*PiZehntelgrad),10);
    Inc(Y,15);
  END; {FOR}
  SetTextAlign(DC,TextAlign);
  SelectObject(DC,F_alt);
  DeleteObject(F2);
  ...
END;
```

T Tiere und Pflanzen

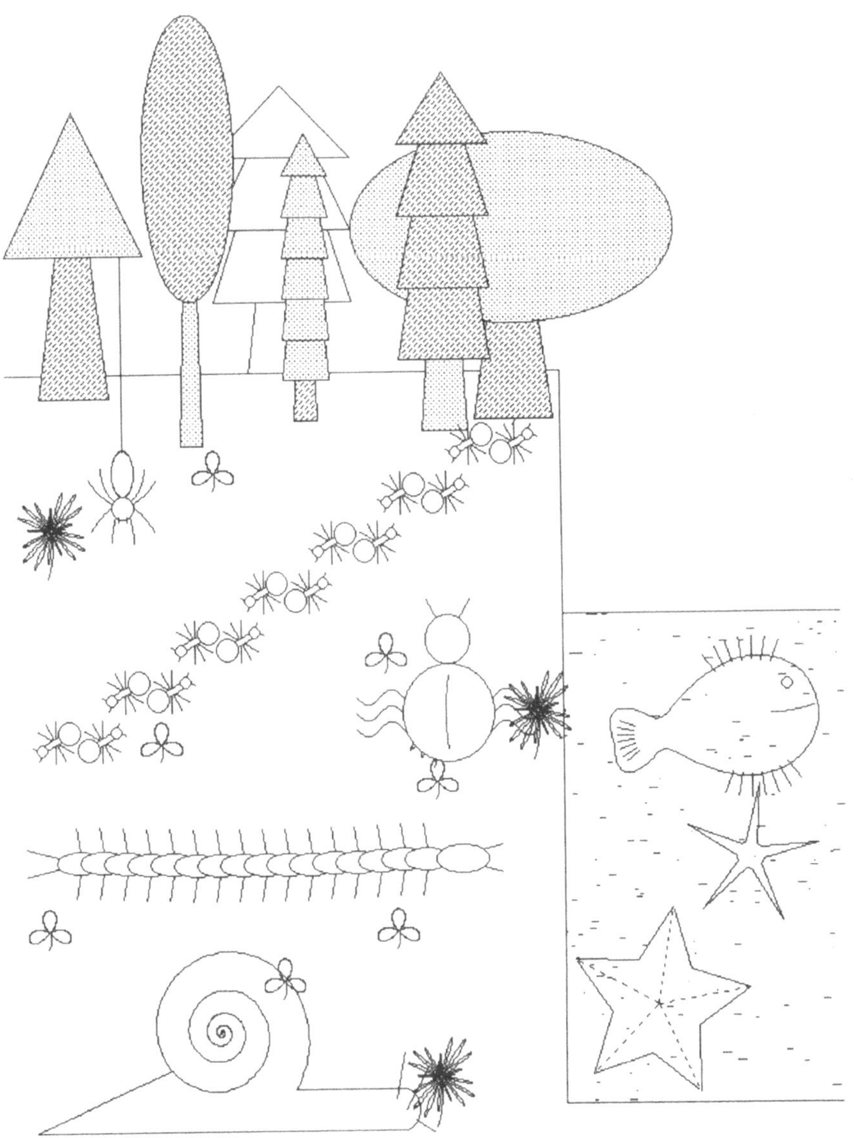

```
PROCEDURE Raedertierchen
  (Kontext: HDC;
   U       : TPoint;  {Mittelpunkt}
   R       : INTEGER; {Äußerer Radius}
   W       : INTEGER; {Startwinkel}
   S       : BYTE);   {Anzahl der Strahlen}
BEGIN
  Zahnrad(Kontext,U.X,U.Y,R DIV 2,R DIV 4,R,W,S);
END;
```

Rädertierchen, auch *Strahlentierchen* oder *Radiolarien* genannt, sind winzige stachlige Kugeln. Das obige Rezept führt sie auf "entartete" Zahnräder zurück.

Das untenstehende Bild zeigt vier Rädertierchen unterschiedlicher Größe und Strahlenzahl. Es wurde mit folgendem Programm gezeichnet:

```
VAR
  DC: HDC;
  U : TPoint;
BEGIN
  DC := GetDC(HWindow);
  SetPoint(U,200,200); Raedertierchen(DC,U,190,0,37);
  SetPoint(U,500,90); Raedertierchen(DC,U,80,180,13);
  SetPoint(U,495,280); Raedertierchen(DC,U,120,0,79);
  SetPoint(U,380,50); Raedertierchen(DC,U,30,20,17);
  ReleaseDC(HWindow,DC);
END;
```

Ameisen sind - zumindest in Mitteleuropa - äußerst nützliche Tiere. Rechts sehen Sie den Ursprung *U* und die Abmessungen einer Ameise, die mit dem folgenden Rezept unter dem Winkel $W = 0$ gezeichnet wurde.

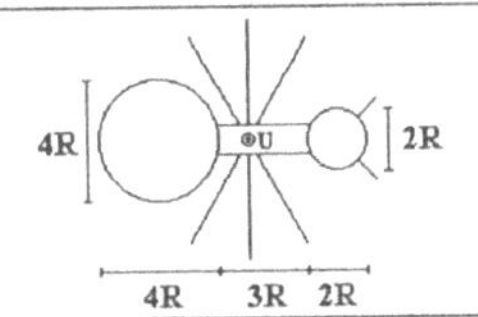


```
PROCEDURE Ameise
  (Kontext: HDC;
   U      : TPoint;
   R      : INTEGER;
   W      : INTEGER);
VAR
  S,T: TPoint;
  P  : ARRAY[0..3] OF TPoint;
  i  : SHORTINT;
BEGIN
  FOR i:=-1 TO 1 DO BEGIN
    LineWinkel(Kontext,U.X,U.Y,4*R,W+900+i*300);
    LineWinkel(Kontext,U.X,U.Y,-4*R,W+900+i*300);
  END; {FOR}
  VerschiebePunktInteger(U.X,U.Y,3*R,W,T.X,T.Y);
  VerschiebePunktInteger(U.X,U.Y,-3*R,W,S.X,S.Y);
  VerschiebePunktInteger(S.X,S.Y,R DIV 2,W-900,P[0].X,P[0].Y);
  VerschiebePunktInteger(P[0].X,P[0].Y,6*R,W,P[1].X,P[1].Y);
  VerschiebePunktInteger(S.X,S.Y,-R DIV 2,W-900,P[3].X,P[3].Y);
  VerschiebePunktInteger(P[3].X,P[3].Y,6*R,W,P[2].X,P[2].Y);
  Polygon(Kontext,P,4);
  LineWinkel(Kontext,T.X,T.Y,2*R,W+450);
  LineWinkel(Kontext,T.X,T.Y,2*R,W-450);
  Ellipse(Kontext,T.X-R,T.Y-R,T.X+R+1,T.Y+R+1);
  Ellipse(Kontext,S.X-2*R,S.Y-2*R,S.X+2*R+1,S.Y+2*R+1);
END;
```

Das Gewimmel in einem Ameisenhaufen ist mit einem Zufallszahlengenerator wiederzugeben:

```
CONST
  Xm = 300;
  Ym = 350;
  R  = 250;
VAR
  DC: HDC;
  U : TPoint; i: INTEGER;
BEGIN
  DC := GetDC(HWindow); RandSeed := 0;
  FOR i:=1 TO 1500 DO BEGIN
    U.X := Random(Xm+R); U.Y := Random(Ym);
    IF Sqr((U.X-Xm)*1.0)+Sqr((U.Y-Ym)*1.0)<Sqr(R*1.0) THEN
      Ameise(DC,U,3,Random(3600));
  END; {FOR}
  ReleaseDC(HWindow,DC);
END;
```

Mit der folgenden Prozedur können Sie einen **Seestern** zeichnen. *U* und *R* bezeichnen den Mittelpunkt und den Radius des Tieres, *W* den Drehwinkel. Bei *W* = 0 geht ein Arm nach rechts. Mit dem Stift *Si* werden die inneren Linien, mit *Sa* der Umriß gezeichnet. Das Innere wird mit dem aktuellen Pinsel ausgefüllt.

```
PROCEDURE Seestern
  (Kontext: HDC;
   U       : TPoint;
   R       : INTEGER;
   W       : INTEGER;
   Si,Sa   : TLogPen);
VAR
  Pi,Pa,P_alt: HPen;
  P          : ARRAY[0..9] OF TPoint;
  Wl         : INTEGER;
  i          : BYTE;
BEGIN
  Wl := W;
  FOR i:=0 TO 9 DO BEGIN
    IF Odd(i) THEN
      VerschiebePunktInteger(U.X,U.Y,R DIV 2,Wl,P[i].X,P[i].Y)
    ELSE
      VerschiebePunktInteger(U.X,U.Y,R,Wl,P[i].X,P[i].Y);
    Inc(Wl,360);
  END; {FOR}
  Pi := CreatePenIndirect(Si); Pa := CreatePenIndirect(Sa);
  P_alt := SelectObject(Kontext,Pa); Polygon(Kontext,P,10);
  SelectObject(Kontext,Pi);
  Wl := W;
  FOR i:=0 TO 4 DO BEGIN
    MoveLine(Kontext,U.X,U.Y,P[2*i].X,P[2*i].Y);
    Inc(Wl,720);
  END; {FOR}
  SelectObject(Kontext,P_alt); DeleteObject(Pi); DeleteObject(Pa);
END;
```

Der Seestern rechts unten wurde wie folgt gezeichnet:

```
VAR
  DC: HDC; U: TPoint;
  Si,Sa     : TLogPen;
BEGIN
  DC := GetDC(HWindow);
  Lade_Pen(Si,
    ps_Dash,1,fb_schwarz);
  Lade_Pen(Sa,
    ps_Solid,3,fb_schwarz);
  SetPoint(U,300,210);
  Seestern(DC,
    U,200,80,Si,Sa);
  ReleaseDC(HWindow,DC);
END;
```

Einen **Schlangenstern** (s. das obere Bild auf dieser Seite) zeichnen Sie mit Rezept M.5 (Zahnrad).

Tausendfüßler sind ziemlich einfach gebaute, urtümliche Tiere. Entsprechend wenig Mühe bereitet es, sie mit Hilfe von Geraden und Ellipsen zu zeichnen:

```
PROCEDURE Tausendfuessler(Kontext: HDC; X,Y,S,H,B,L,DX: INTEGER);
  PROCEDURE Seg(SX,SY: INTEGER); {Zeichnet ein Segment}
  BEGIN
    Ellipse(Kontext,SX-B,SY-H,SX+B+1,SY+H+1); {eigentl. Segment}
    MoveLine(Kontext,SX-3,SY-H-L,SX,SY-H); {Bein nach oben}
    MoveLine(Kontext,SX-3,SY+H+L,SX,SY+H); {Bein nach unten}
  END;

  FUNCTION f(i: INTEGER): INTEGER; {Bestimmt die Krümmung}
  BEGIN
    f := i*(S-i) DIV 15;
  END;

VAR
  i,MX,MY: INTEGER;
BEGIN
  MX := X; MY := Y; {Mittelpunkt des ersten Segments}
  MoveLine(Kontext,MX,MY,MX-40,MY-10);
  MoveLine(Kontext,MX,MY,MX-40,MY+10);
  FOR i:=0 TO S DO BEGIN
    Seg(MX,MY+f(i)); {Zeichnet ein Segment}
    Inc(MX,DX); {Verschieben des Mittelp. für das folgende Segment}
  END; {FOR}
  MoveLine(Kontext,MX,MY,MX+40,MY-10); {Fühler nach oben}
  MoveLine(Kontext,MX,MY,MX+40,MY+10); {Fühler nach unten}
  Ellipse(Kontext,MX-10,MY-10,MX+30,MY+11); {Kopf}
END;
```

Die einzelnen Parameter dieser Prozedur haben folgende Bedeutung:

X,Y: Mittelpunkt des ersten (linken) Segments

S: Anzahl der Segmente - 1

H,B: halbe Höhe bzw. Breite eines Segments

L: Länge eines Beins

DX: Abstand zweier Segmente (sollte $< 2B$ gewählt werden, damit sich die Segmente überlappen).

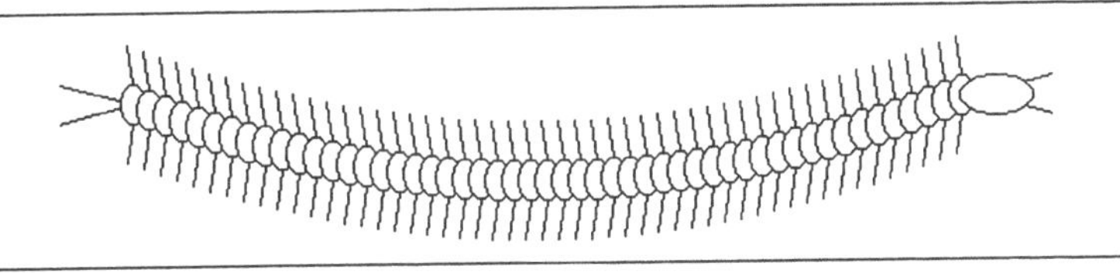

Der abgebildete Tausendfüßler wird durch das folgende Programmstück in ein Fenster gezeichnet:

```
Kontext := GetDC(HWindow);
Tausendfuessler(Kontext,50,100,50,10,7,20,9);
ReleaseDC(HWindow,Kontext);
```

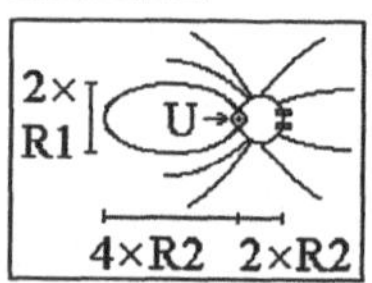


```
PROCEDURE Spinne
  (Kontext: HDC;
   U       : TPoint;
   R1,R2   : INTEGER;
   W       : INTEGER); {Winkel zur Waagrechten}
VAR
  X1,Y1,X2,Y2,R: INTEGER;
BEGIN
  R := R1+R2;
  VerschiebePunktInteger(U.X,U.Y,R2 DIV 3,W,X1,Y1);
  VerschiebePunktInteger(X1,Y1,2*R,W+3150,X2,Y2);
  Kreisbogen(Kontext,X1,Y1,X2,Y2,4*R);
  VerschiebePunktInteger(X1,Y1,2*R,W+3450,X2,Y2);
  Kreisbogen(Kontext,X1,Y1,X2,Y2,4*R);
  VerschiebePunktInteger(X1,Y1,2*R,W+150,X2,Y2);
  Kreisbogen(Kontext,X2,Y2,X1,Y1,4*R);
  VerschiebePunktInteger(X1,Y1,2*R,W+450,X2,Y2);
  Kreisbogen(Kontext,X2,Y2,X1,Y1,4*R);
  VerschiebePunktInteger(U.X,U.Y,R2,W,X1,Y1);
  VerschiebePunktInteger(X1,Y1,2*R,W+1300,X2,Y2);
  Kreisbogen(Kontext,X1,Y1,X2,Y2,3*R);
  VerschiebePunktInteger(X1,Y1,2*R,W+1500,X2,Y2);
  Kreisbogen(Kontext,X1,Y1,X2,Y2,2*R);
  VerschiebePunktInteger(X1,Y1,2*R,W+2100,X2,Y2);
  Kreisbogen(Kontext,X2,Y2,X1,Y1,2*R);
  VerschiebePunktInteger(X1,Y1,2*R,W+2300,X2,Y2);
  Kreisbogen(Kontext,X2,Y2,X1,Y1,3*R);
  VerschiebePunktInteger(U.X,U.Y,-2*R1,W,X2,Y2);
  EllipseWinkel(Kontext,X2,Y2,2*R1,R1,W);
  VerschiebePunktInteger(U.X,U.Y,R2,W,X2,Y2);
  Ellipse(Kontext,X2-R2,Y2-R2,X2+R2+1,Y2+R2+1);
  VerschiebePunktInteger(U.X,U.Y,2*R2,W+100,X2,Y2);
  EllipseWinkel(Kontext,X2,Y2,R2 DIV 3,R2 DIV 10,W);
  VerschiebePunktInteger(U.X,U.Y,2*R2,W-100,X2,Y2);
  EllipseWinkel(Kontext,X2,Y2,R2 DIV 3,R2 DIV 10,W);
END;
```

Allseits beliebte niedliche Tierchen sind die **Spinnen**. Alle Spinnen bestehen aus dem Vorderleib, welcher vier Beinpaare trägt, und dem davon abgesetzten Hinterleib. Das vorliegende Rezept trägt diesem Aufbau Rechnung. Bei *U* treffen Vorder- und Hinterleib zusammen. Die obige Zeichnung wurde mit *W* = 0 erhalten; dort sind auch *R1* und *R2* eingetragen.

Das untenstehende Bild zeigt eine Spinne in ihrem Netz. Zunächst wird das Netz gezeichnet; anschließend kann die Spinne mit dem Kopf nach unten hineingesetzt werden:

```
VAR
  DC      : HDC;
  U       : TPoint;
  S,S_alt: HPen;
BEGIN
  DC := GetDC(HWindow);
  SetPoint(U,400,200);
  Spirale(DC,U,1,11,130,180,180,1);
  Zahnrad(DC,U.X,U.Y,0,0,190,0,13);
  S := CreatePen(ps_Solid,4,0);
  S_alt := SelectObject(DC,S);
  Spinne(DC,U,30,21,-800);
  SelectObject(DC,S_alt);
  DeleteObject(S);
  ReleaseDC(HWindow,DC);
END;
```

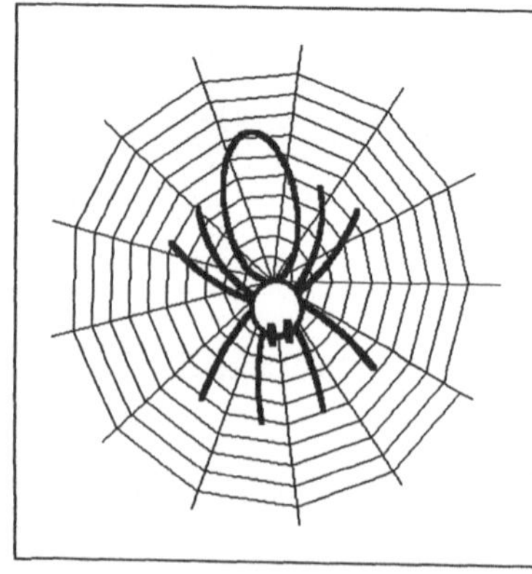

Das nebenstehende Bild zeigt den Aufbau eines **Käfers**. Er besteht aus dem Kopf, dem Rumpf, zwei Fühlern und sechs Beinen. Der Kopf ist ein Kreis mit dem Durchmesser *A*, der Rumpf eine Ellipse mit den Halbachsen *A* und *B*. Die Beine sind durch Sinus-Kurven dargestellt, die Fühler durch Geraden. Beine und Fühler werden *vor* der Ellipse bzw. dem Kreis gezeichnet, so daß ihre Ansätze verdeckt sind und nicht genau berechnet werden müssen. Das vereinfacht das Rezept etwas. Zu Abrundung wird noch die Trennlinie der Flügeldecken eingezeichnet. Die Parameter können Sie dem Bild entnehmen; *(X,Y)* bezeichnen den Mittelpunkt der Ellipse, die den Rumpf repräsentiert. Die Prozedur lautet:

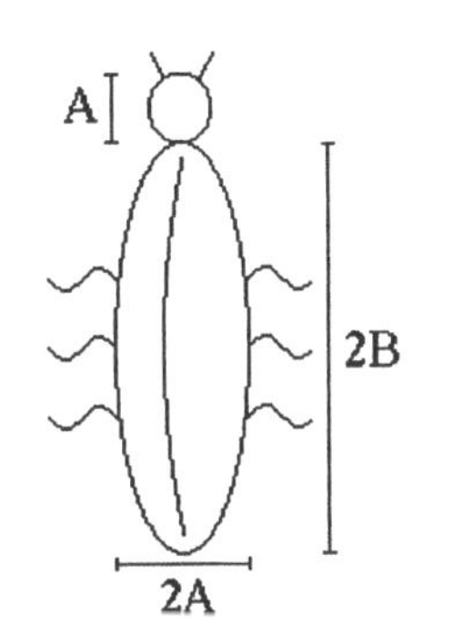


```
PROCEDURE Kaefer
  (Kontext: HDC;
   X,Y    : INTEGER;  {Mittelpunkt des Rumpfes}
   A      : INTEGER;  {Halbe Breite des Rumpfes}
   B      : INTEGER); {Halbe Höhe des Rumpfes}
VAR
  U: TPoint;
  C: TRect;
BEGIN
  SetRect(C,X,Y-B,X+2*A,Y+B);
  SetPoint(U,X+A,Y-(B DIV 3));
  Funktionsgraph(Kontext,U,C,A/6.3,A/6.3,Sinus);
  U.Y := Y;
  Funktionsgraph(Kontext,U,C,A/6.3,A/6.3,Sinus);
  U.Y := Y+(B DIV 3);
  Funktionsgraph(Kontext,U,C,A/6.3,A/6.3,Sinus); {Beine rechts}
  SetRect(C,X-2*A,Y-B,X,Y+B);
  SetPoint(U,X+A,Y-(B DIV 3));
  Funktionsgraph(Kontext,U,C,A/6.3,-A/6.3,Sinus);
  U.Y := Y;
  Funktionsgraph(Kontext,U,C,A/6.3,-A/6.3,Sinus);
  U.Y := Y+(B DIV 3);
  Funktionsgraph(Kontext,U,C,A/6.3,-A/6.3,Sinus); {Beine links}
  Ellipse(Kontext,X-A,Y-B,X+A+1,Y+B+1);
  Kreisbogen(Kontext,X,Y-B+(A DIV 4),X,Y+B-(A DIV 4),A+4*B);{Rumpf}
  LineWinkel(Kontext,X,Y-B-(A DIV 2),A,600); {Fühler rechts}
  LineWinkel(Kontext,X,Y-B-(A DIV 2),A,1200); {Fühler links}
  Ellipse(Kontext,X-(A DIV 2),Y-B-A,X+(A DIV 2),Y-B+1); {Kopf}
END;
```

Der obige Käfer wird wie folgt gezeichnet:

```
VAR
  DC: HDC;
BEGIN
  DC := GetDC(HWindow);
  Kaefer(DC, 200,200,25,75);
  ReleaseDC(HWindow,DC);
END;
```

Das nebenstehende Bild zeigt den Aufbau und die Abmessungen einer nach rechts kriechenden **Schnecke**, die mit dem folgenden Rezept gezeichnet wurde. Das Schneckenhaus wird durch eine Spirale dargestellt, deren Mittelpunkt mit dem Ursprung *U* der Prozedur zusammenfällt. Der Parameter *R* bestimmt die Größe der Schnecke.

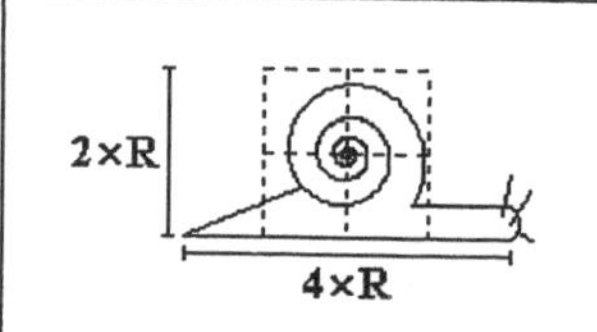


```
PROCEDURE Schnecke
  (Kontext: HDC;
   U       : TPoint;
   R       : INTEGER);
VAR
  X1,Y1,R1: INTEGER;
BEGIN
  Spirale(Kontext,U,0,-7.1,700+R,R,R,4);
  VerschiebePunktInteger(U.X,U.Y,R,-360,X1,Y1);
  MoveLine(Kontext,X1,Y1,U.X+2*R+1,Y1);
  R1 := (U.Y+R-Y1) DIV 4;
  X1 := U.X+2*R;
  Kreisbogen(Kontext,X1,U.Y+R,X1,Y1,2*R1+1);
  LineWinkel(Kontext,X1-R1,Y1+R1,R DIV 2,800);
  LineWinkel(Kontext,X1,Y1+2*R1,R DIV 2,600);
  LineWinkel(Kontext,X1+R1,Y1+3*R1,R DIV 4,-300);
  MoveLine(Kontext,X1,U.Y+R,U.X-2*R,U.Y+R);
  VerschiebePunktInteger(U.X,U.Y,IntRound(R*0.66),-1440,X1,Y1);
  MoveLine(Kontext,X1,Y1,U.X-2*R,U.Y+R);
END;
```

Die nebenstehende Schnecke wurde mit einem Stift der Dicke 3 gezeichnet; das Programm lautet:

```
VAR
  DC      : HDC;
  U       : TPoint;
  S,S_alt: HPen;
BEGIN
  DC := GetDC(HWindow);
  S := CreatePen(ps_Solid,3,fb_schwarz);
  S_alt := SelectObject(DC,S);
  SetPoint(U,300,250);
  Schnecke(DC,U,120);
  SelectObject(DC,S_alt);
  DeleteObject(S);
  ReleaseDC(HWindow,DC);
END;
```

T.8 Fisch (seitlich)

Ein **Fisch** kann leicht mit einer geeigneten Cassini-Kurve (Rezept G.13) und einigen Strichen gezeichnet werden. Das nebenstehende Bild zeigt einen solchen, der mit dem folgenden Rezept und dem Winkel $W = 0°$ erhalten wurde; die Abmessungen sind zusätzlich angegeben.

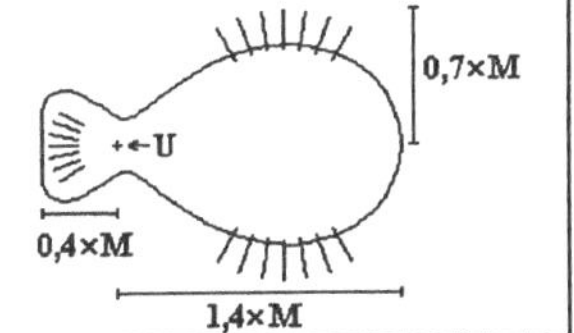


```
PROCEDURE Fisch
  (Kontext: HDC;
   U       : TPoint;
   M       : REAL;
   W       : INTEGER);
VAR
  B: TRect; i: SHORTINT;
  Sx,Sy,Tx,Ty,R,A: INTEGER;
BEGIN
  R := IntRound(M*1.5); SetRect(B,U.X-R,U.Y-R,U.X+R,U.Y+R);
  Cassini(Kontext,U,B,0.01,0,1,M,W,IntRound(M));
  VerschiebePunktInteger(U.X,U.Y,IntRound(0.84*M),W,Sx,Sy);
  FOR i:=-3 TO 3 DO BEGIN
    A := W+i*100;
    VerschiebePunktInteger(Sx,Sy,IntRound(0.47*M),A+900,Tx,Ty);
    LineWinkel(Kontext,Tx,Ty,IntRound(M/5),A+900);
    VerschiebePunktInteger(Sx,Sy,IntRound(0.47*M),A-900,Tx,Ty);
    LineWinkel(Kontext,Tx,Ty,IntRound(M/5),A-900);
    VerschiebePunktInteger(U.X,U.Y,IntRound(0.2*M),A+1800,Tx,Ty);
    LineWinkel(Kontext,Tx,Ty,IntRound(0.15*M),A+1800);
  END; {FOR}
END;
```

Einen realistischeren Fisch erhält man, wenn man noch Maul und Augen dazuzeichnet:

```
PROCEDURE Fisch_seitlich
  (Kontext: HDC;
   U       : TPoint;
   M       : REAL;
   W       : INTEGER);
VAR
  X1,Y1,X2,Y2,R: INTEGER;
BEGIN
  Fisch(Kontext,U,M,W);
  VerschiebePunktInteger(U.X,U.Y,IntRound(M),W,X1,Y1);
  VerschiebePunktInteger(U.X,U.Y,IntRound(M*1.4),W,X2,Y2);
  Kreisbogen(Kontext,X1,Y1,X2,Y2,IntRound(M));
  VerschiebePunktInteger(U.X,U.Y,IntRound(M*1.2),W+100,X1,Y1);
  R := IntRound(M/20); Ellipse(Kontext,X1-R,Y1-R,X1+R+1,Y1+R+1);
END;
```

Mit $W \approx 0°$ bekommt man einen lebenden, mit $W \approx 180°$ einen toten Fisch. Die beiden nebenstehenden Exemplare erhält man so:

```
Fisch_seitlich(DC,U,100,100);
Fisch_seitlich(DC,U,100,1900);
```

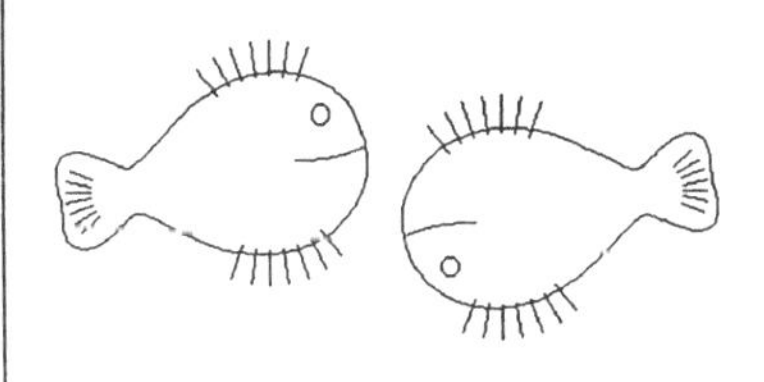

Mit dem vorhergehenden Rezept konnten Fische in Seitenansicht gezeichnet werden. Einen Fisch **von oben** erhalten Sie ebenso einfach mit der folgenden Prozedur:

```
PROCEDURE Fisch_oben
  (Kontext: HDC;
   U       : TPoint;
   M       : REAL;
   W       : INTEGER);
VAR
  X1,Y1,X2,Y2,R: INTEGER;
BEGIN
  Fisch(Kontext,U,M,W);
  VerschiebePunktInteger(U.X,U.Y,IntRound(M*0.3),W,X1,Y1);
  VerschiebePunktInteger(U.X,U.Y,IntRound(M),W,X2,Y2);
  Kreisbogen(Kontext,X1,Y1,X2,Y2,IntRound(M*5));
  R := IntRound(M/20);
  VerschiebePunktInteger(U.X,U.Y,IntRound(M*1.2),W+100,X1,Y1);
  Ellipse(Kontext,X1-R,Y1-R,X1+R+1,Y1+R+1);
  VerschiebePunktInteger(U.X,U.Y,IntRound(M*1.2),W-100,X1,Y1);
  Ellipse(Kontext,X1-R,Y1-R,X1+R+1,Y1+R+1);
END;
```

Wenn Sie den Fisch **von unten** zeichnen wollen, ist folgendes Rezept nützlich:

```
PROCEDURE Fisch_unten
  (Kontext: HDC;
   U       : TPoint;
   M       : REAL;
   W       : INTEGER);
VAR
  X1,Y1,R: INTEGER;
BEGIN
  Fisch(Kontext,U,M,W);
  R := IntRound(M/50);
  VerschiebePunktInteger(U.X,U.Y,IntRound(M*1.2),W,X1,Y1);
  EllipseWinkel(Kontext,X1,Y1,3*R,10*R,W);
END;
```

Die beiden nebenstehenden Fische (der linke von oben, der rechte von unten gesehen) erhalten Sie so:

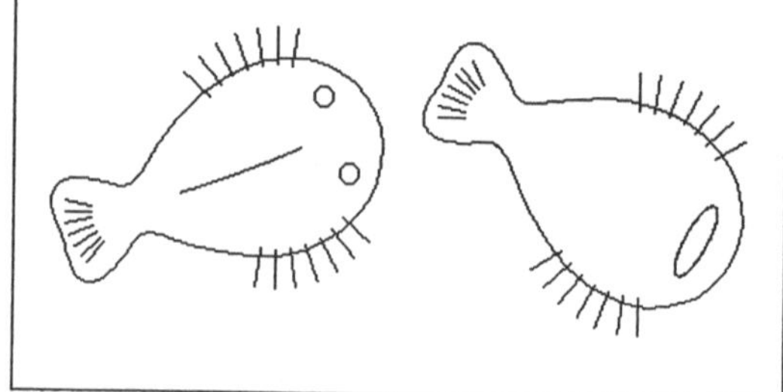

```
VAR
  DC: HDC;
  U : TPoint;
BEGIN
  DC := GetDC(HWindow);
  SetPoint(U,100,300);
  Fisch_oben(DC,U,100,200);
  SetPoint(U,300,250);
  Fisch_unten(DC,U,100,-300);
  ReleaseDC(HWindow,DC);
END;
```

Mit Hilfe der Cassinischen Kurve (Rezept G.14) kann eine ganze Reihe verschiedener Formen gezeichnet werden. Ein einfaches Beispiel ist ein **Kleeblatt**:

```
PROCEDURE Kleeblatt
  (Kontext: HDC;
   U      : TPoint;
   R      : INTEGER);
VAR
  B: TRect;
BEGIN
  SetRect(B,U.X-R,U.Y-R,U.X+R,U.Y+R);
  Cassini(Kontext,U,B,0,-2.5,1,R*0.65,900,500);
  Kreisbogen(Kontext,U.X-R DIV 10,U.Y+R*3 DIV 4,U.X,U.Y,R);
END;
```

Das Kleeblatt wird in ein Quadrat mit der Seitenlänge $2R$ gezeichnet; der Mittelpunkt U des Quadrats ist zugleich der Mittelpunkt des Kleeblatts.

Das nebenstehende Kleeblatt malt man mit dem folgenden Programm in ein Fenster; zur Verdeutlichung ist das umschließende Quadrat mit eingezeichnet:

```
VAR
  DC: HDC;
  U : TPoint;
BEGIN
  DC := GetDC(HWindow);
  SetPoint(U,300,200);
  Kleeblatt(DC,U,180);
  ReleaseDC(HWindow,DC);
END;
```

Das Rezept verwendet eine Cassinische Kurve zum Zeichnen des Kleeblatts. Ersetzt man dort den Parameter *Keulen* = 1 durch einen anderen ungeraden Wert, so ergeben sich mehr Blätter. Das nebenstehende Bild entsteht beispielsweise mit

```
Cassini(Kontext,U,B,0,-2.5,3,R*0.5,900,500);
```

Dabei muß man den Maßstabsfaktor anpassen.

Eine schöne sechsstrahlige Blume erhält man mit *Keulen* = 4:

```
Cassini(Kontext,U,B,0,-2.5,4,R*0.65,0,500);
```

Damit der Stiel zwischen die Blätter zu liegen kommt, wählt man den Drehwinkel 0°.

Blumen, die in der freien Natur vorkommen, sehen in der Regel nicht sehr gleichmäßig aus; vielmehr werden sie sehr bald vom Winde zerzaust und sind dann mit einfachen geometrischen Figuren nicht mehr zu zeichnen. Als Lösung bieten sich Cassinische Kurven an; allerdings ist es nicht ganz einfach, die geeigneten Parameter zu finden. Für den **Wiesen-Bocksbart** (*Tragopogon pratensis*) können Sie das folgende Rezept verwenden:

```
PROCEDURE Blume
  (Kontext: HDC;
   U      : TPoint;
   R      : INTEGER);
VAR
  B: TRect;
BEGIN
  SetRect(B,U.X-R,U.Y-R,U.X+R,U.Y+R);
  Cassini(Kontext,U,B,0.001,-0.8,19,R*0.65,550,1000);
  Kreisbogen(Kontext,U.X-R DIV 10,U.Y+R,U.X,U.Y,2*R);
END;
```

Dabei können Sie nur den Mittelpunkt *U* der Blüte und ihren Radius *R* vorgeben.

Das nebenstehende gutgewachsene Exemplar wurde mit folgendem Programm gezeichnet:

```
VAR
  DC: HDC;
  U : TPoint;
BEGIN
  DC := GetDC(HWindow);
  SetPoint(U,300,200);
  Blume(DC,U,200);
  ReleaseDC(HWindow,DC);
END;
```

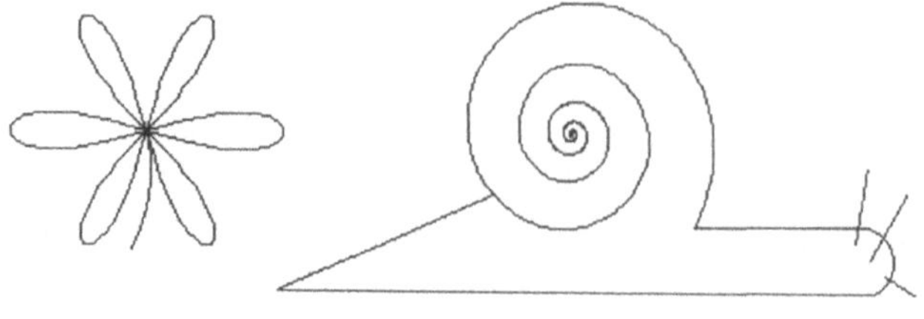

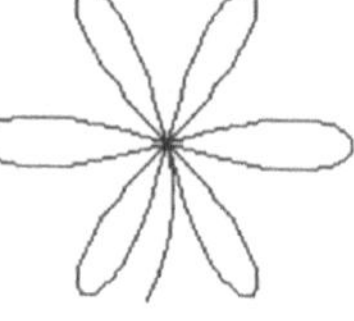

Bäume sind wichtige Bestandteile naturnaher Grafiken. Das folgende Rezept zeichnet einen **Laubbaum**; für den Stamm und für das Laub können unterschiedliche Schraffurmuster vorgegeben werden:

```
PROCEDURE Laubbaum
  (Kontext  : HDC;
   Ursprung : TPoint;
   Hoehe    : INTEGER;
   Breite   : INTEGER;
   Stamm    : TLogBrush;
   Laub     : TLogBrush);
VAR
  Punkte      : ARRAY[0..2] OF TPoint;
  Bs,Bl,B_alt: HBrush;
BEGIN
  Bs := CreateBrushIndirect(Stamm);
  Bl := CreateBrushIndirect(Laub);
  B_alt := SelectObject(Kontext,Bs);
  SetPoint(Punkte[0],Ursprung.X,Ursprung.Y-Hoehe);
  SetPoint(Punkte[1],Ursprung.X+Breite DIV 4,Ursprung.Y);
  SetPoint(Punkte[2],Ursprung.X-Breite DIV 4,Ursprung.Y);
  Polygon(Kontext,Punkte,3);
  SelectObject(Kontext,Bl);
  WITH Ursprung DO
    Ellipse(Kontext,X-Breite,Y-Hoehe,X+Breite,Y-Hoehe DIV 3);
  SelectObject(Kontext,B_alt);
  DeleteObject(Bs);
  DeleteObject(Bl);
END;
```

In der nebenstehenden Darstellung sind die Parameter des Laubbaum-Rezepts eingezeichnet; folgendes Programm führte zu diesem Bild:

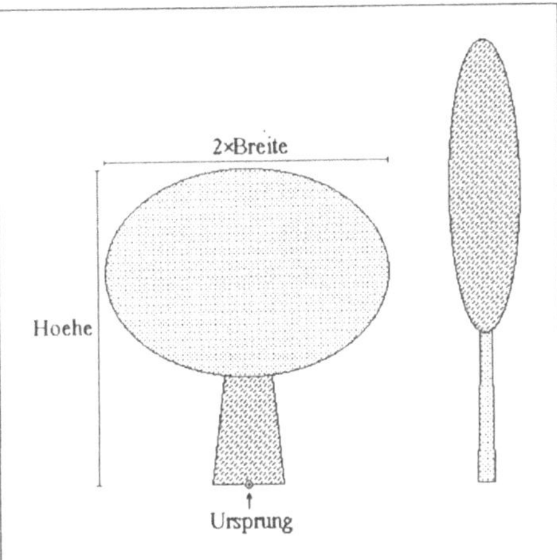


```
VAR
  DC                 : HDC;
  U                  : TPoint;
  Bs,Bl              : TLogBrush;
  BitmapS,BitmapL: HBitmap;
BEGIN
  DC := GetDC(HWindow);
  BitmapS := LoadBitmap
    (HInstance,'sdiag');
  BitmapL := LoadBitmap
    (HInstance,'hellgrau');
  Lade_Brush_Bitmap(Bs,BitmapS);
  Lade_Brush_Bitmap(Bl,BitmapL);
  SetPoint(U,200,400);
  Laubbaum(DC,U,250,120,Bs,Bl);
  SetPoint(U,400,400); Laubbaum(DC,U,350,30,Bl,Bs);
  DeleteObject(BitmapS); DeleteObject(BitmapL);
  ReleaseDC(HWindow,DC);
END;
```

Ein **Nadelbaum** ist etwas schwieriger zu zeichnen als ein Laubbaum. Die Krone kann aus mehreren *Schichten* bestehen, deren Anzahl bei diesem Rezept angegeben werden muß. Ansonsten ist es genauso anzuwenden wie das Laubbaum-Rezept.

```
PROCEDURE Nadelbaum
  (Kontext   : HDC;
   Ursprung  : TPoint;
   Hoehe     : INTEGER;
   Breite    : INTEGER;
   Schichten: BYTE;
   Stamm     : TLogBrush;
   Laub      : TLogBrush);
VAR
  Punkte      : ARRAY[0..2] OF TPoint;
  dH          : INTEGER;
  i           : BYTE;
  Bs,Bl,B_alt: HBrush;
BEGIN
  SetPoint(Punkte[0],Ursprung.X,Ursprung.Y-Hoehe);
  Bs := CreateBrushIndirect(Stamm);
  Bl := CreateBrushIndirect(Laub);
  B_alt := SelectObject(Kontext,Bs);
  Punkte[1].X := Ursprung.X + Breite DIV 2;
  Punkte[1].Y := Ursprung.Y;
  Punkte[2].X := Punkte[1].X - Breite;
  Punkte[2].Y := Ursprung.Y;
  Polygon(Kontext,Punkte,3);
  Punkte[1].X := Ursprung.X + Breite;
  Punkte[2].X := Ursprung.X - Breite;
  dH := Hoehe DIV (Schichten+1);
  SelectObject(Kontext,Bl);
  FOR i:=1 TO Schichten DO BEGIN
    Dec(Punkte[1].Y,dH);
    Punkte[2].Y := Punkte[1].Y;
    Polygon(Kontext,Punkte,3);
  END; {FOR}
  SelectObject(Kontext,B_alt);
  DeleteObject(Bs); DeleteObject(Bl);
END;
```

Nebenstehend sehen Sie zwei Nadelbäume; beim linken sind die Parameter des Rezepts angegeben. Das Bild wurde so gezeichnet:

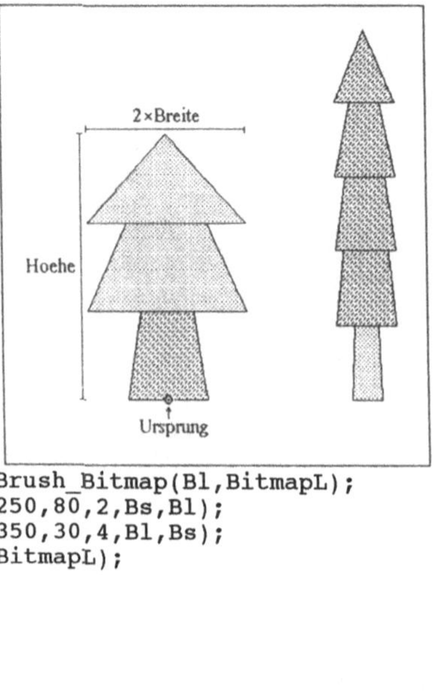

```
VAR
  DC               : HDC;
  U                : TPoint;
  Bs,Bl            : TLogBrush;
  BitmapS,BitmapL: HBitmap;
BEGIN
  DC := GetDC(HWindow);
  BitmapS := LoadBitmap
    (HInstance,'sdiag');
  BitmapL := LoadBitmap
    (HInstance,'hellgrau');
  Lade_Brush_Bitmap(Bs,BitmapS); Lade_Brush_Bitmap(Bl,BitmapL);
  SetPoint(U,200,400); Nadelbaum(DC,U,250,80,2,Bs,Bl);
  SetPoint(U,400,400); Nadelbaum(DC,U,350,30,4,Bl,Bs);
  DeleteObject(BitmapS); DeleteObject(BitmapL);
  ReleaseDC(HWindow,DC);
END;
```

U UMRECHNUNGEN

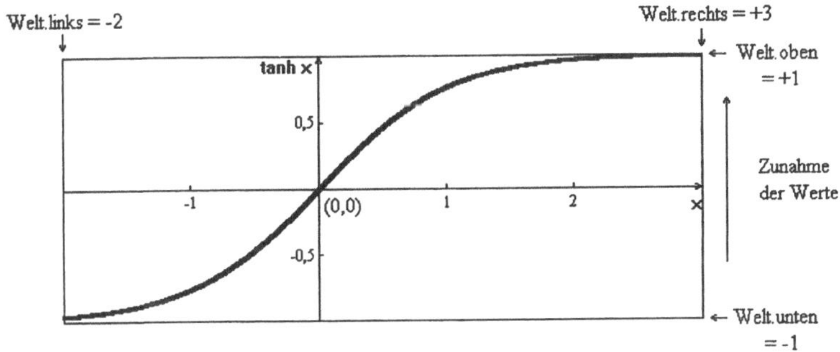

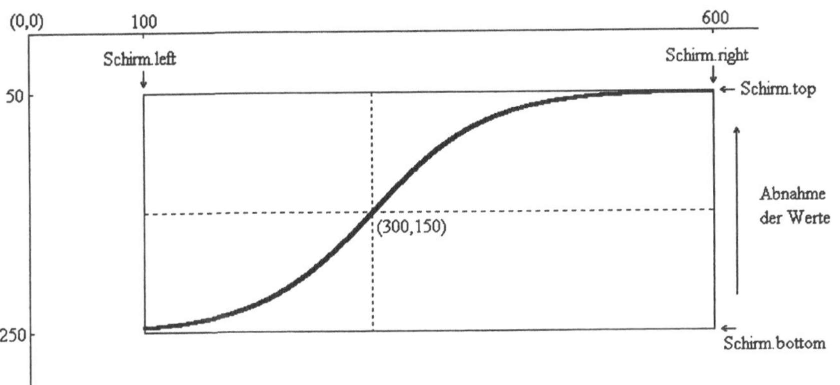

Häufig muß man Vorgänge, die sich in einer Ebene abspielen, auf dem Bildschirm darstellen. Beispiele dafür sind etwa Funktionsgraphen oder Apfelmännchen. Ein Punkt der Ebene ("Weltpunkt") wird durch ein Paar reeller Zahlen, etwa (*Wx,Wy*), dargestellt, ein Punkt auf dem Bildschirm durch *INTEGER*-Zahlen (*X,Y*). Eine Anwendung wird also häufig zwischen "Weltkoordinaten" und Bildschirmkoordinaten umrechnen müssen.

Der Einfachheit halber betrachten wir nur rechteckige Bereiche. Der Bildschirmbereich, in dem die Daten darzustellen sind, wird durch eine Variable vom Typ *TRect* beschrieben, ein einzelner Bildschirmpunkt durch einen *TPoint*. Beide Typen werden von Turbo-Pascal bereitgestellt.

Ein "Weltpunkt" wird durch zwei reelle Zahlen beschrieben; manchmal ist es nützlich, hierfür den *RECORD TRealPoint* (Deklaration: unten links) zu verwenden.

```
PRealPoint = ^TRealPoint;
TRealPoint = RECORD
  Wx: REAL;
  Wy: REAL;
END;
```

```
PRealRect = ^TRealRect;
TRealRect = RECORD
  links : REAL;
  rechts: REAL;
  unten : REAL;
  oben  : REAL;
END;
```

Der "Weltbereich", der auf einen Bildschirmbereich zu übertragen ist, kann eindeutig durch *TRealRect* (oben rechts) charakterisiert werden. Diese Darstellung ist so zu verstehen: Das Intervall *Wx = links...rechts* wird auf den Bildschirmbereich *left...right* abgebildet, das Intervall *Wy = unten...oben* auf *bottom...top*.

Zu beachten sind die unterschiedlichen Konventionen: Weltkoordinaten wachsen von links nach rechts und von unten nach oben, Bildschirmkoordinaten von links nach rechts und von oben nach unten.

Die Beziehungen zwischen diesen beiden Darstellungen sind auf dem Titelbild des vorliegenden Kapitels an Hand des Graphen der Funktion $y = \tanh x$ veranschaulicht. Oben sehen Sie den Graphen im Rahmen der Weltkoordinaten, die durch eine Variable vom Typ *TRealRect* mit den Werten (-2,3,-1,1) gegeben sind; die Koordinatenachsen sind nur zur Verdeutlichung angegeben. Darunter ist die Position desselben Graphen auf dem Bildschirm gezeichnet (die Koordinatenachsen, wieder zur Verdeutlichung, gestrichelt); zu den Weltkoordinaten gehören die Bildschirmkoordinaten (100,50,600,250) (Variable vom Typ *TRect*).

Wie Sie Welt- und Bildschirmkoordinaten ineinander umrechnen können, erfahren Sie bei den Rezepten U.3 und U.4.

RECORDs vom Typ *TPoint, TRect, TRealPoint* und *TRealRect* müssen vor ihrer Verwendung häufig initialisiert werden. Das kann grundsätzlich immer durch direkte Wertzuweisung an ihre Felder geschehen. Mit der Standardprozedur *SetRect* kann die Initialisierung einer Variablen vom Typ *TRect* kompakter, nämlich in einer einzigen Befehlszeile, vorgenommen werden. Für die übrigen genannten *RECORDs* leisten die folgenden Rezepte dasselbe:

```
PROCEDURE SetPoint
  (VAR P   : TPoint;
       X,Y: INTEGER);
BEGIN
  P.X := X;
  P.Y := Y;
END;
```

```
PROCEDURE SetRealPoint
  (VAR Point: TRealPoint;
       X,Y   : REAL);
BEGIN
  Point.Wx := X;
  Point.Wy := Y;
END;
```

```
PROCEDURE SetRealRect
  (VAR Rect    : TRealRect;
       L,R,U,O: REAL);
BEGIN
  Rect.links := L;
  Rect.rechts := R;
  Rect.unten := U;
  Rect.oben := O;
END;
```

Die folgende Tabelle vergleicht für jeden der betrachteten *RECORDs* die Initialisierung durch direkte Wertzuweisung mit der dazu äquivalenten Rezeptanwendung; der verringerte Programmieraufwand ist deutlich erkennbar:

Typ der Variablen		direkte Wertzuweisung	kompakte Initialisierung
Rec	*a b c d*		
TPoint	*INTEGER*	`Rec.X := a;` `Rec.Y := b;`	`SetPoint(Rec,a,b);`

TRect	*INTEGER*	`Rec.left := a;`
		`Rec.top := b;`
		`Rec.right := c;`
		`Rec.bottom := d;`
			`SetRect(Rec,a,b,c,d);`

TRealPoint	*REAL*	`Rec.Wx := a;` `Rec.Wy := b;`	`SetRealPoint(Rec,a,b);`

TRealRect	*REAL*	`Rec.links := a;`
		`Rec.rechts := b;`
		`Rec.unten := c;`
		`Rec.oben := d;`
			`SetRealRect(Rec,a,b,c,d);`

Sind Weltbereich und Bildschirmbereich (wie in Rezept U.1 beschrieben) vorgegeben, so können die Bildschirmkoordinaten aus den Weltkoordinaten berechnet werden. Die Formeln lauten (W = Welt, B = Bildschirm):

$$B_x = \frac{B_{right} - B_{left}}{W_{rechts} - W_{links}} W_x + \frac{B_{left} W_{rechts} - B_{right} W_{links}}{W_{rechts} - W_{links}}$$

$$B_y = -\frac{B_{bottom} - B_{top}}{W_{oben} - W_{unten}} W_y + \frac{B_{bottom} W_{oben} - B_{top} W_{unten}}{W_{oben} - W_{unten}}$$

Die einzelnen Koordinaten des Bildschirm erhält man so:

```
FUNCTION XWeltToSchirm {X-Koordinate}
  (Wx: REAL; Welt: TRealRect; Schirm: TRect):INTEGER;
BEGIN
  WITH Welt,Schirm DO XWeltToSchirm :=
      IntRound((right*(Wx-links)-left*(Wx-rechts))/(rechts-links));
END;
```

```
FUNCTION YWeltToSchirm {Y-Koordinate}
  (Wy: REAL; Welt: TRealRect; Schirm: TRect): INTEGER;
BEGIN
  WITH Welt,Schirm DO YWeltToSchirm :=
      IntRound((top*(Wy-unten)-bottom*(Wy-oben))/(oben-unten));
END;
```

Beide Koordinaten des Bildschirmpunkts bekommt man wie folgt:

```
PROCEDURE WeltToSchirm
  (     Quellpunkt: TRealPoint;
   VAR Zielpunkt  : TPoint;
       Welt       : TRealRect;
       Schirm     : TRect);
BEGIN
  Zielpunkt.X := XWeltToSchirm(Quellpunkt.Wx,Welt,Schirm);
  Zielpunkt.Y := YWeltToSchirm(Quellpunkt.Wy,Welt,Schirm);
END;
```

Den Funktionsgraphen im Titelbild dieses Kapitels zeichnet man mit Rezept K.2 (Funktionsgraph). Dazu benötigt man die Position des Koordinatenursprungs *U* auf dem Bildschirm, die man mit den obigen Prozeduren aus dem Bildschirmbereich *B* und dem Weltbereich *W* berechnet. Die Maßstäbe *Mx* und *My* sind gleich den Faktoren vor W_x bzw. W_y in den obigen Formeln:

```
VAR
  DC: HDC; Mx,My: REAL; B: TRect; W: TRealRect; U: TPoint;
BEGIN
  DC := GetDC(HWindow);
  SetRect(B,100,50,600,250); SetRealRect(W,-2,3,-1,1);
  SetPoint(U,XWeltToSchirm(0,W,B),YWeltToSchirm(0,W,B));
  Mx := (B.right-B.left)/(W.rechts-W.links);
  My := (B.bottom-B.top)/(W.oben-W.unten);
  Funktionsgraph(DC,U,B,Mx,My,Tanh); ReleaseDC(HWindow,DC);
END;
```

Sind Weltbereich und Bildschirmbereich (wie in Rezept U.1 beschrieben) vorgegeben, so können die Weltkoordinaten aus den Bildschirmkoordinaten berechnet werden. Die Rezepte sind eine genaue Umkehrung von U.3; die Formeln lauten:

$$W_x = \frac{W_{rechts} - W_{links}}{B_{right} - B_{left}} B_x + \frac{B_{right} W_{links} - B_{left} W_{rechts}}{B_{right} - B_{left}}$$

$$W_y = -\frac{W_{oben} - W_{unten}}{B_{bottom} - B_{top}} B_y + \frac{B_{bottom} W_{oben} - B_{top} W_{unten}}{B_{bottom} - B_{top}}$$

Die einzelnen Weltkoordinaten erhält man so:

```
FUNCTION XSchirmToWelt
  (X     : INTEGER;
   Welt  : TRealRect;
   Schirm: TRect): REAL;
BEGIN
  WITH Welt,Schirm DO
    XSchirmToWelt :=
      (rechts*(X-left)-links*(X-right))/(right-left);
END;
```

```
FUNCTION YSchirmToWelt
  (Y     : INTEGER;
   Welt  : TRealRect;
   Schirm: TRect): REAL;
BEGIN
  WITH Welt,Schirm DO
    YSchirmToWelt :=
      (unten*(Y-top)-oben*(Y-bottom))/(bottom-top);
END;
```

Beide Koordinaten eines Weltpunkts berechnen Sie wie folgt:

```
PROCEDURE SchirmToWelt
  (    Quellpunkt: TPoint;
   VAR Zielpunkt : TRealPoint;
       Welt      : TRealRect;
       Schirm    : TRect);
BEGIN
  Zielpunkt.Wx := XSchirmToWelt(Quellpunkt.X,Welt,Schirm);
  Zielpunkt.Wy := YSchirmToWelt(Quellpunkt.Y,Welt,Schirm);
END;
```

Ein Anwendungsbeispiel für *XSchirmToWelt* finden Sie bei Rezept C.4 (Feigenbaumdiagramme).

Sind Weltbereich und Bildschirmbereich (wie in Rezept U.1 beschrieben) vorgegeben, so kann ein Koordinatenkreuz gezeichnet werden. Das folgende Rezept erledigt diese Aufgabe:

```
PROCEDURE Achsenkreuz
  (Kontext: HDC;
   W       : TRealRect;
   B       : TRect;
   Pfeil   : BYTE;
   Tx,Ty   : STRING);
VAR
  M : TPoint;
  Ta: WORD;
BEGIN
  SetPoint(M,XWeltToSchirm(0,W,B),YWeltToSchirm(0,W,B));
  IF NOT PtInRect(B,M) THEN Exit;
  MoveLine(Kontext,B.left,M.Y,B.right,M.Y);
  MoveLine(Kontext,B.right-Pfeil,M.Y-(Pfeil DIV 2),B.right,M.Y);
  MoveLine(Kontext,B.right-Pfeil,M.Y+(Pfeil DIV 2),B.right,M.Y);
  Ta := SetTextAlign(Kontext,ta_Right OR ta_Top);
  TextOutString(Kontext,B.right,M.Y+Pfeil,Tx);
  MoveLine(Kontext,M.X,B.bottom,M.X,B.top);
  MoveLine(Kontext,M.X-(Pfeil DIV 2),B.top+Pfeil,M.X,B.top);
  MoveLine(Kontext,M.X+(Pfeil DIV 2),B.top+Pfeil,M.X,B.top);
  TextOutString(Kontext,M.X-Pfeil,B.top,Ty);
  SetTextAlign(Kontext,Ta);
END;
```

Pfeil gibt die Länge der Pfeile an den Achsen (nach rechts und nach oben) an; bei *Pfeil* = 0 werden keine Pfeile gezeichnet. *Tx* und *Ty* sind die Achsenbeschriftungen; diese erfolgen in der aktuellen Schriftart und der aktuellen Farbe.

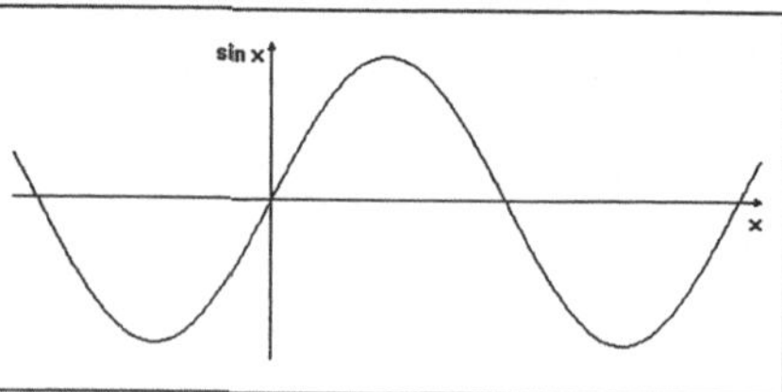

Das nebenstehende Bild erhalten Sie mit dem folgenden Programm. Zunächst wird der Graph einer Sinus-Funktion (Weltbereich $X = -1{,}1\pi ... 2{,}1\pi$) und anschließend das Achsenkreuz in den Bildschirmbereich *B* gezeichnet:

```
VAR
  DC: HDC;
  B : TRect;
  U : TPoint;
  W : TRealRect;
BEGIN
  DC := GetDC(HWindow); SetRect(B,100,50,600,250);
  SetRealRect(W,-Pi*1.1,2.1*Pi,-1.1,1.1);
  SetPoint(U,XWeltToSchirm(0,W,B),YWeltToSchirm(0,W,B));
  Funktionsgraph(DC,U,B,(B.right-B.left)/(W.rechts-W.links),
    (B.bottom-B.top)/(W.oben-W.unten),Sinus);
  Achsenkreuz(DC,W,B,5,'x','sin x');
  ReleaseDC(HWindow,DC);
END;
```

W Werkzeuge zum Zeichnen

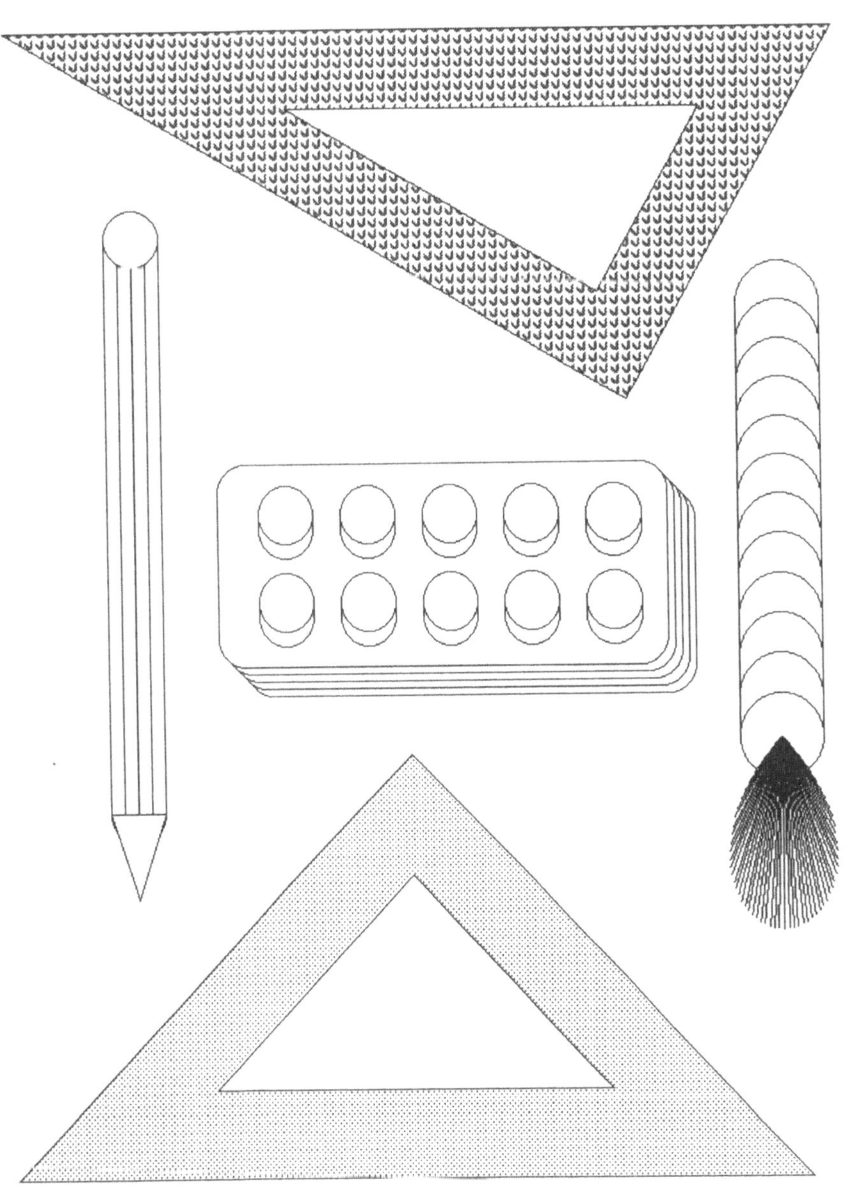

Virtuelle Zeichenwerkzeuge müssen vor ihrer Verwendung erzeugt und ausgewählt und danach wieder gelöscht werden. Dabei empfiehlt sich folgende Reihenfolge:

1) Erzeugen **aller** benötigten virtuellen Zeichenwerkzeuge (das können z.B. mehrere Pinsel sein)
2) Auswählen der zunächst benötigten Zeichenwerkzeuge mit *SelectObject*, wobei die Handles der vorher gültigen Werkzeuge zwischengespeichert werden müssen. Von jedem Typ (Stift, Pinsel und Schrift) braucht jeweils nur eines ausgewählt zu werden.
3) Auswählen der jeweils benötigten Werkzeuge und Zeichnen in beliebiger Reihenfolge
4) Wiederherstellen der ursprünglichen Zeichenwerkzeuge
5) Löschen der erzeugten *virtuellen* Zeichenwerkzeuge, um den belegten Speicherplatz wieder freizugeben. *Vordefinierte* Zeichenwerkzeuge dürfen nicht gelöscht werden.

Wird diese Reihenfolge nicht beachtet, so können beim Rollen des Fensters Speicherverluste auftreten. **Besonders wichtig ist, daß die Zeichenwerkzeuge erst gelöscht werden, nachdem die ursprünglichen Werkzeuge wiederhergestellt sind.**

Eine Paint-Methode, die einen Stift und zwei Pinsel verwendet, könnte etwa so aussehen:

```
PROCEDURE Paint
  (     PaintDC  : HDC;
   VAR PaintInfo:TPaintStruct);
VAR
  S,S_alt    : HPen;
  P1,P2,P_alt: HBrush;
BEGIN
  S := CreatePen(ps_Solid,3,0);
  P1 := CreateHatchBrush(hs_Cross,fb_rot);
  P2 := CreateSolidBrush(fb_gruen);
  S_alt := SelectObject(PaintDC,S);
  P_alt := SelectObject(PaintDC,P1);
  ...
{Zeichnen und Auswahl von Werkzeugen in beliebiger Reihenfolge}
  ...
  SelectObject(PaintDC,S_alt);
  SelectObject(PaintDC,P_alt);
  DeleteObject(S);
  DeleteObject(P1);
  DeleteObject(P2);
END;
```

Einige allgemeine Zeichenprogramme (etwa der Würfel von Rezept R.3) benötigen die Angabe eines oder mehrerer *Stifte*. Jeder Stift ist durch drei Parameter (Stil, Strichbreite und Farbe) bestimmt; um die Variablenliste der Zeichenprogramme nicht allzu sehr anwachsen zu lassen, ist es günstig, die Stifte als *TLogPen* zu übergeben. Um diesen *RECORD* zu initialisieren, müssen Sie vier Wertzuweisungen vornehmen; diese Arbeit erleichtert Ihnen das obenstehende Rezept.

```
PROCEDURE Lade_Pen
  (VAR LogPen: TLogPen;
       Stil  : WORD;
       Breite: INTEGER;
       Farbe : TColorRef);
BEGIN
  WITH LogPen DO BEGIN
    lopnStyle := Stil;
    lopnWidth.X := Breite;
    lopnWidth.Y := 0;
    lopnColor := Farbe;
  END; {WITH}
END;
```

Für *Stil* können folgende Konstanten eingesetzt werden:

Konstante	Wirkung
ps_Solid	———————————
ps_Dash	— — — — — — — —
ps_Dot	------------------------
ps_DashDot	– - – - – - – - –
ps_DashDotDot	–··–··–··–··–
ps_Null	

Dieses Rezept ist einfach anzuwenden. Die nebenstehenden Würfel erhalten Sie beispielsweise durch

```
VAR
  DC: HDC;
  SV: TLogPen;
  SH: TLogPen;
  U : TPoint;
BEGIN
  DC := GetDC(HWindow);
  Lade_Pen(SV,ps_Dot,1,fb_schwarz);
  Lade_Pen(SH,ps_Dash,1,fb_blau);
  SetPoint(U,20,180);
  Wuerfel
    (DC,U,100,80,100,0,350,900,SV,SH);
  Lade_Pen(SV,ps_DashDotDot,1,fb_rot);
  Lade_Pen(SH,ps_Null,1,fb_schwarz);
  SetPoint(U,20,350);
  Wuerfel
    (DC,U,100,80,100,0,350,900,SV,SH);
  ReleaseDC(HWindow,DC);
END;
```

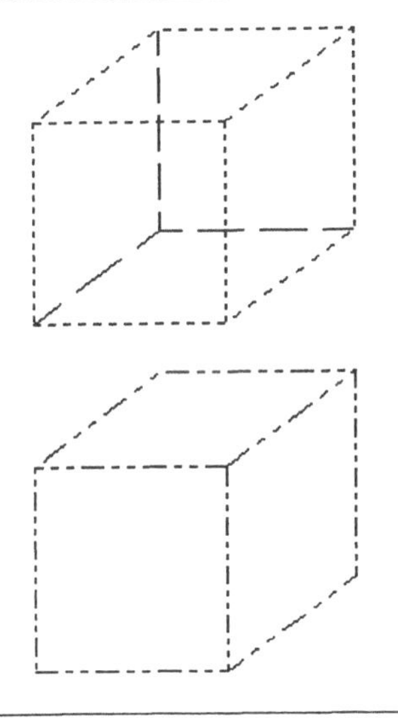

Der Stil *ps_Null* bewirkt, daß die verdeckten Kanten des zweiten Würfels gar nicht gezeichnet werden.

Ein Pinsel füllt einen Bildschirmbereich mit einem bestimmten Muster. Zur Erzeugung eines virtuellen Pinsels stellt WINDOWS eine Anzahl von Funktionen wie *CreateHatchBrush, CreatePatternBrush* usw. zur Verfügung, die jeweils unterschiedliche Parameter benötigen. Allgemeine Zeichenprogramme (das Rezept P.1 für das Zeichnen eines Tortendiagramms ist ein typisches Beispiel) benötigen jedoch eine einheitliche Angabe für den zu verwendenden Pinsel. Dazu dient der Record *TLogBrush*, dessen einzelne Felder entsprechend geladen werden müssen. Das folgende Rezept nimmt Ihnen diese Arbeit ab:

```
CONST
  hs_Null  = 254;
  hs_Solid = 255;
```

```
PROCEDURE Lade_Brush
  (VAR LogBrush: TLogBrush;
       Muster  : INTEGER;
       Farbe   : TColorRef);
BEGIN
  WITH LogBrush DO BEGIN
    lbStyle := bs_Hatched;
    lbColor := Farbe;
    lbHatch := Muster;
    CASE Muster OF
      hs_Null:  lbStyle := bs_Null;
      hs_Solid: lbStyle := bs_Solid;
    END; {CASE}
  END; {WITH}
END;
```

Für *Muster* kommen in Frage:

Konstante	Wert	Wirkung
hs_BDiagonal	3	
hs_Cross	4	
hs_DiagCross	5	
hs_FDiagonal	2	
hs_Horizontal	0	
hs_Vertical	1	
hs_Null	254	
hs_Solid	255	

hs_Null zeichnet nur den Umriß und läßt das Innere ungeändert; *hs_Solid* füllt das Innere mit *Farbe*.

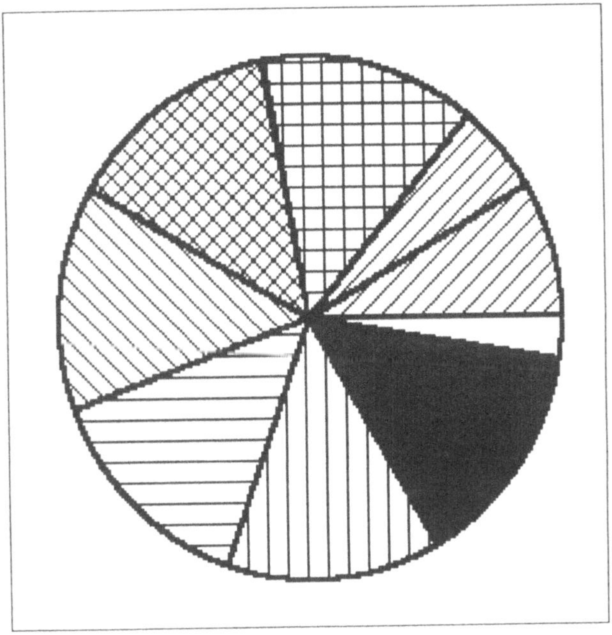

Das nebenstehende Bild zeigt alle Schraffurmöglichkeiten. Der letzte Sektor (rechts oberhalb des schwarzen Sektors) überdeckt teilweise den ersten (mit *hs_BDiagonal* schraffierten); da der letzte Sektor mit *hs_Null* gezeichnet wurde, bleibt der erste Sektor sichtbar. Das entsprechende Programm lautet:

```
VAR
  DC   : HDC;
  Brush: TLogBrush;
  Torte: PTorte;
BEGIN
  DC := GetDC(HWindow);
  Torte := New(PTorte,Init(150,150,100,0));
  Lade_Brush(Brush,hs_BDiagonal,fb_schwarz);
  Torte^.Einfuegen(500,Brush);
  Lade_Brush(Brush,hs_Cross,fb_schwarz);
  Torte^.Einfuegen(500,Brush);
  Lade_Brush(Brush,hs_DiagCross,fb_schwarz);
  Torte^.Einfuegen(500,Brush);
  Lade_Brush(Brush,hs_FDiagonal,fb_schwarz);
  Torte^.Einfuegen(500,Brush);
  Lade_Brush(Brush,hs_Horizontal,fb_schwarz);
  Torte^.Einfuegen(500,Brush);
  Lade_Brush(Brush,hs_Vertical,fb_schwarz);
  Torte^.Einfuegen(500,Brush);
  Lade_Brush(Brush,hs_Solid,fb_schwarz);
  Torte^.Einfuegen(500,Brush);
  Lade_Brush(Brush,hs_Null,fb_schwarz);
  Torte^.Einfuegen(400,Brush);
  Torte^.Zeichnen(DC);
  Dispose(Torte,Done);
  ReleaseDC(HWindow,DC);
END;
```

Um *TLogBrush* mit einer Bitmap zu laden, verwenden Sie Rezept W.5. Wenn Sie keine *TLogBrush*-Variable benötigen, sondern einen Pinsel direkt bereitstellen wollen, verwenden Sie Rezept W.6.

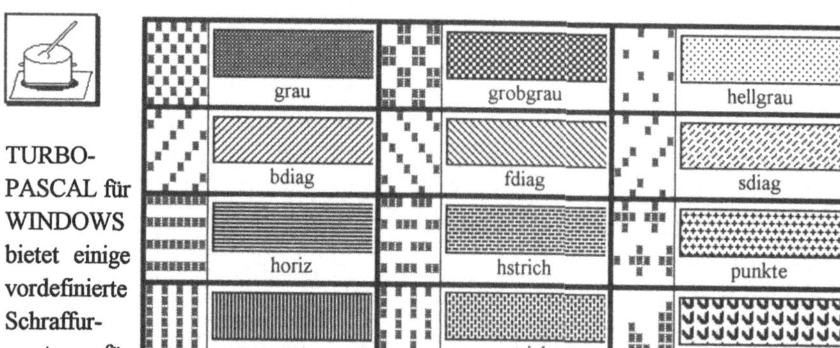

TURBO-PASCAL für WINDOWS bietet einige vordefinierte Schraffurmuster für Pinsel an (vgl. etwa Rezept W.3). Wenn man mit diesen nicht auskommt, kann man sich über Bitmap-Ressourcen beliebige Muster selbst erzeugen.

Die obige Tabelle enthält einige Vorschläge. Alle diese Bitmaps bestehen aus 8×8 Pixeln. Links ist jeweils der Aufbau der Bitmap angegeben, rechts ihr Effekt auf dem Bildschirm und ein Namensvorschlag. Zweckmäßigerweise werden die Bitmaps mit dem Ressourcen-Editor erzeugt und unter dem jeweils angegebenen Namen gespeichert.

Die Anwendung dieser Schraffurmuster erfordert einige Sorgfalt. Das nebenstehende Bild zeigt zwei Rädertierchen; das rechte wurde mit *fdiag* ausgefüllt, das linke zum Vergleich mit dem vordefinierten Muster *hs_FDiagonal*. Das Programm lautet:

```
VAR
  DC          : HDC;
  Bitmap      : HBitmap;
  B1,B2,B_alt: HBrush;
BEGIN
  DC := GetDC(HWindow);
  B1 := CreateHatchBrush(hs_FDiagonal,fb_schwarz);
  Bitmap := LoadBitmap(HInstance,'fdiag');
  B2 := CreatePatternBrush(Bitmap);
  B_alt := SelectObject(DC,B1);
  Zahnrad(DC,200,100,45,23,90,0,34);
  SelectObject(DC,B2);
  Zahnrad(DC,325,145,25,13,50,40,17);
  SelectObject(DC,B_alt);
  DeleteObject(B1);
  DeleteObject(B2);
  DeleteObject(Bitmap);
  ReleaseDC(HWindow,DC);
END;
```

Ein virtueller Pinsel kann durch eine Bitmap definiert sein und wird dann gewöhnlich mit der WINDOWS-Funktion *CreatePatternBrush* erzeugt. Bei manchen Zeichenprogrammen (Näheres finden Sie am Beginn von Rezept W.3) muß man jedoch einen Record vom Typ *TLogBrush* mit dem Stil *bs_Pattern* und mit dem Handle der Bitmap initialisieren. Das folgende Rezept erleichtert Ihnen diese Arbeit:

```
PROCEDURE Lade_Brush_Bitmap
  (VAR LogBrush: TLogBrush;
       Bitmap  : HBitmap);
BEGIN
  WITH LogBrush DO BEGIN
    lbStyle := bs_Pattern;
    lbColor := 0;
    lbHatch := Bitmap;
  END; {WITH}
END;
```

Das nebenstehende Bild wurde mit drei Pinseln gezeichnet, von denen zwei auf Bitmaps beruhen. Diese Bitmaps müssen vor dem Zeichnen bereitgestellt und dürfen erst danach wieder freigegeben werden. Das folgende Programm zeigt, wie dabei vorzugehen ist:

```
VAR
  DC    : HDC;
  B1    : HBitmap;
  B2    : HBitmap;
  Torte: PTorte;
  Brush: TLogBrush;
BEGIN
  DC := GetDC(HWindow);
  B1 := LoadBitmap(HInstance,'vieweg');
  B2 := LoadBitmap(HInstance,'punkte');
  Torte := New(PTorte,Init(160,160,150,200));
  Lade_Brush_Bitmap(Brush,B1);
  Torte^.Einfuegen(1400,Brush);
  Lade_Brush(Brush,hs_Cross,fb_gruen);
  Torte^.Einfuegen(1000,Brush);
  Lade_Brush_Bitmap(Brush,B2);
  Torte^.Einfuegen(1200,Brush);
  Torte^.Zeichnen(DC);
  Dispose(Torte,Done);
  DeleteObject(B1);
  DeleteObject(B2);
  ReleaseDC(HWindow,DC);
END;
```

Die Definition der Bitmaps "vieweg" und "punkte" finden Sie in Rezept W.4.

Im Rezept W.3 wird ein Pinsel definiert, indem eine Variable vom Typ *TLogBrush* mit den entsprechenden Daten geladen wird. Um den Pinsel verwenden zu können, muß man noch mit einem weiteren Befehl den Speicherplatz für diesen Pinsel bereitstellen. Das folgende Rezept faßt diese Befehlsfolge zusammen; bei der Anwendung erspart man sich außerdem noch die Variable vom Typ *TLogBrush*:

```
FUNCTION Create_Brush(Muster: INTEGER; Farbe: TColorRef): HBrush;
VAR
  LogBrush: TLogBrush;
BEGIN
  Lade_Brush(LogBrush,Muster,Farbe);
  Create_Brush := CreateBrushIndirect(LogBrush);
END;
```

Dieses Rezept leistet dasselbe wie *CreateHatchBrush*, jedoch können zusätzlich die Muster *hs_Null* und *hs_Solid* (Rezept W.3) verwendet werden.

Das nebenstehende Bild zeigt alle Schraffurmöglichkeiten. Das linke senkrechte Rechteck wurde mit *hs_Null* gezeichnet, das rechte mit *hs_Solid* und weißer Farbe. Das entsprechende Programm lautet:

```
CONST
  Anzahl = 8;
VAR
  DC   : HDC;
  P    : ARRAY[1..Anzahl] OF HBrush;
  P_alt: HBrush;
  i    : BYTE;
BEGIN
  DC := GetDC(HWindow);
  P[1] := Create_Brush(hs_BDiagonal,fb_schwarz);
  P[2] := Create_Brush(hs_Cross,fb_schwarz);
  P[3] := Create_Brush(hs_DiagCross,fb_schwarz);
  P[4] := Create_Brush(hs_FDiagonal,fb_schwarz);
  P[5] := Create_Brush(hs_Horizontal,fb_schwarz);
  P[6] := Create_Brush(hs_Vertical,fb_schwarz);
  P[7] := Create_Brush(hs_Null,fb_schwarz);
  P[8] := Create_Brush(hs_Solid,fb_weiss);
  P_alt := SelectObject(DC,P[1]);
  FOR i:=1 TO 6 DO BEGIN
    SelectObject(DC,P[i]);
    Rectangle(DC,10,i*30,310,(i+1)*30);
  END; {FOR}
  SelectObject(DC,P[7]); Rectangle(DC,50,10,70,230);
  SelectObject(DC,P[8]); Rectangle(DC,220,10,240,230);
  SelectObject(DC,P_alt);
  FOR i:=1 TO Anzahl DO
    DeleteObject(P[i]);
  ReleaseDC(HWindow,DC);
END;
```

Z Zwischenablage

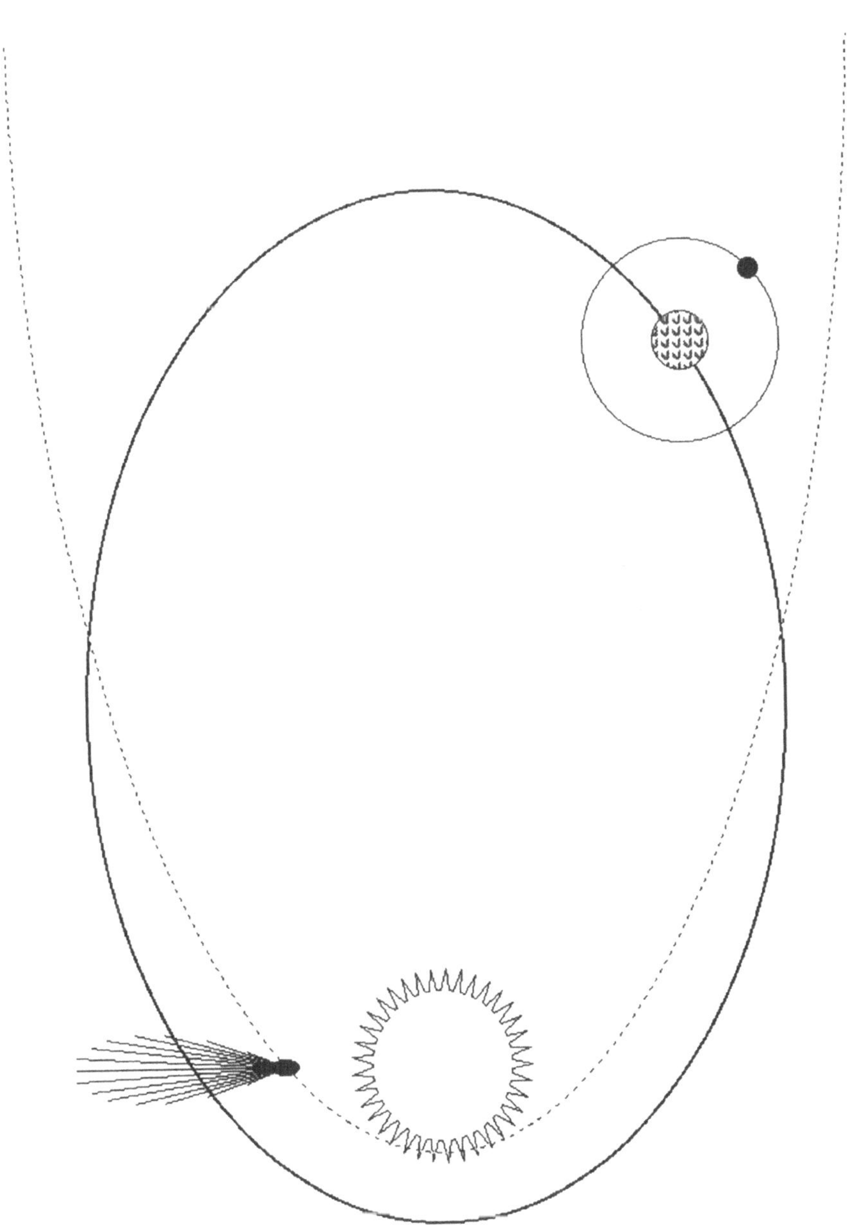

Eine ziemlich komplizierte, aber wichtige Aufgabe ist die Speicherung eines Bildschirmbereichs in der Zwischenablage. Das folgende Rezept hilft hier weiter:

```
PROCEDURE Bereich_in_Zwischenablage
  (Kontext: HDC; Bereich: TRect; Wnd: HWnd);
VAR
  MemDC : HDC;
  Bitmap: HBitmap;
BEGIN
  Bitmap_bereitstellen_laden(Kontext,MemDC,Bitmap,Bereich); {B.2}
  OpenClipboard(Wnd);
  EmptyClipboard;
  SetClipboardData(cf_Bitmap,Bitmap);
  CloseClipboard;
  DeleteDC(MemDC);
END;
```

Hier ist *Kontext* der Gerätekontext (gewöhnlich der Bildschirmkontext), der das zu speichernde Bild enthält, *Bereich* der zu kopierende rechteckige Bereich und *Wnd* das Fenster, das mit der Zwischenablage verbunden werden soll.

Bitmap wird an die Zwischenablage übergeben und von dieser verwaltet und darf daher nicht (etwa mit *DeleteObject(Bitmap)*) freigegeben werden. Tut man das, so bleibt die Zwischenablage leer.

Das folgende Anwendungsbeispiel geht davon aus, daß der zu kopierende Bereich (etwa mit Rezept A.5) durch ein punktiertes Rechteck markiert ist. Zunächst wird mit *DrawFocusRect* die Markierung entfernt (sonst werden die Punkte ebenfalls kopiert), dann der Bereich in die Zwischenablage übertragen und anschließend die Markierung wiederhergestellt:

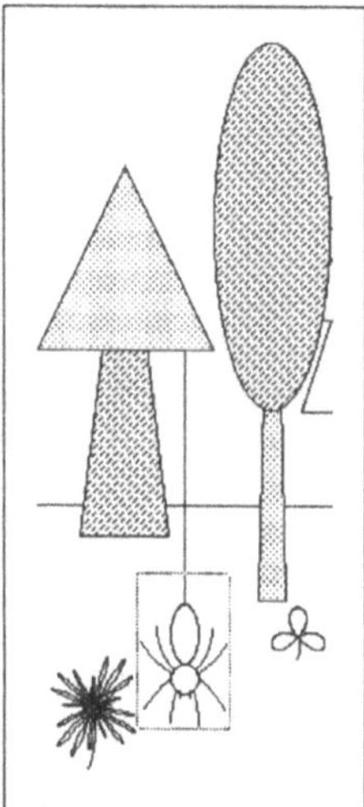

```
VAR
  DC: HDC;
BEGIN
  DC := GetDC(HWindow);
  DrawFocusRect(DC,Bereich);
  Bereich_in_Zwischenablage(DC,Bereich,HWindow);
  DrawFocusRect(DC,Bereich);
  ReleaseDC(HWindow,DC);
END;
```

Links sehen Sie einen Bildschirminhalt mit dem markierten Bereich, rechts die Zwischenablage nach dem Kopiervorgang.

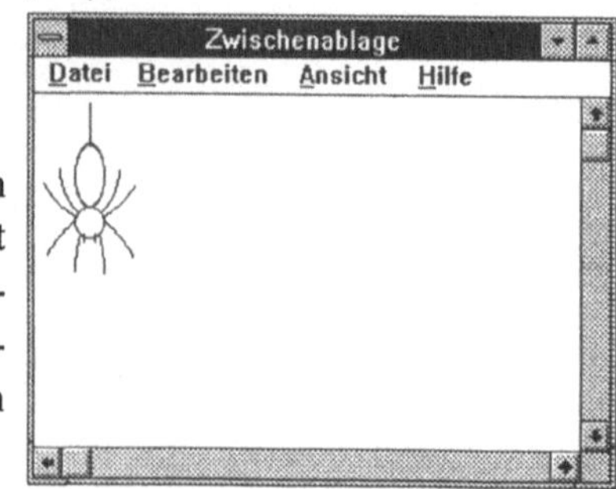

Wenn die Zwischenablage eine Bitmap enthält, kann sie in den Bildschirm geholt werden. Das folgende Rezept kopiert die Zwischenablage in ein Rechteck, dessen linke obere Ecke durch *(X,Y)* gegeben ist. *Mx* und *My* sind Maßstabsfaktoren, welche die Bitmap verzerren. Die Breite des Zielrechtecks ist gleich (*Breite der Bitmap*)×*Mx*, die Höhe gleich (*Höhe der Bitmap*)× *My*. Für *Mx* = My = 1 erhält man eine unverzerrte Kopie:

```
PROCEDURE Zwischenablage_bei_Punkt_einfuegen
  (Kontext: HDC;
   X,Y     : INTEGER; {Zielkoordinaten}
   Mx,My   : REAL; {Maßstäbe}
   Wnd     : HWnd);
VAR
  MemDC : HDC;
  Bitmap: HBitmap;
BEGIN
  MemDC := CreateCompatibleDC(Kontext);
  OpenClipboard(Wnd);
  IF IsClipboardFormatAvailable(cf_Bitmap) THEN BEGIN
    Bitmap := GetClipboardData(cf_Bitmap);
    SelectObject(MemDC,Bitmap);
    Bitmap_bei_Punkt_einfuegen(Kontext,MemDC,Bitmap,X,Y,Mx,My);
  END; {IF}
  CloseClipboard;
  DeleteDC(MemDC);
END;
```

Hier ist *Kontext* der Gerätekontext, in den der Inhalt der Zwischenablage kopiert werden soll, und *Wnd* das zugehörige Fenster.

Dieses Rezept prüft nicht, ob die einzelnen Operationen erfolgreich sind. Für ein sicheres Programm müssen die entsprechenden Prüfungen zusätzlich eingeführt werden.

Der nebenstehende Tausendfüßler (a) befinde sich zunächst in der Zwischenablage. *DC* sei der Bildschirmkontext. Mit den folgenden Befehlen wird er in ein Rechteck mit dem Startpunkt *(X,Y)* kopiert und dabei um 25% schmäler und um 50% höher gemacht (b):

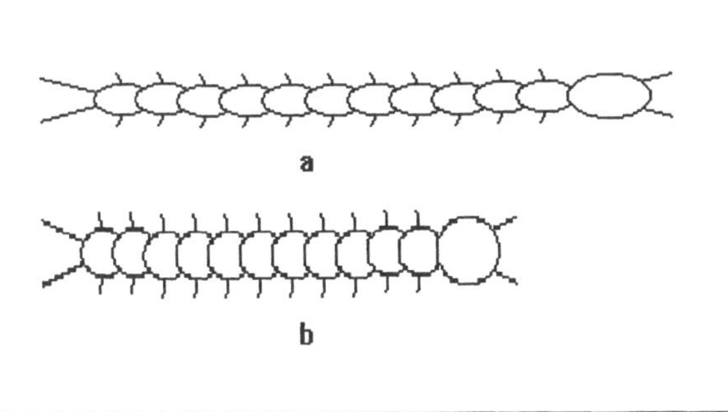


```
DC := GetDC(HWindow);
Zwischenablage_bei_Punkt_einfuegen(DC,X,Y,0.75,1.5,HWindow);
ReleaseDC(HWindow,DC);
```

Mit dem vorhergehenden Rezept konnte der Inhalt der Zwischenablage in den Bildschirm kopiert werden; die Größe des Zielbereichs ergab sich aus der Größe der gespeicherten Bitmap und den Maßstabsfaktoren. Häufig ist jedoch der Zielbereich vorgegeben, und die Bitmap soll so verzerrt werden, daß sie hineinpaßt. Die folgende Variante erledigt das:

```
PROCEDURE Zwischenablage_in_Bereich_einfuegen
  (Kontext: HDC;
   Bereich: TRect;    {Zielbereich}
   Rop     : LONGINT; {Rasteroperation}
   Wnd     : HWnd);
VAR
  MemDC : HDC;
  Bitmap: HBitmap;
BEGIN
  MemDC := CreateCompatibleDC(Kontext);
  OpenClipboard(Wnd);
  IF IsClipboardFormatAvailable(cf_Bitmap) THEN BEGIN
    Bitmap := GetClipboardData(cf_Bitmap);
    SelectObject(MemDC,Bitmap);
    Bitmap_in_Bereich_einfuegen(Kontext,MemDC,Bitmap,Bereich,Rop);
  END; {IF}
  CloseClipboard;
  DeleteDC(MemDC);
END;
```

Kontext ist der Gerätekontext, in den die Zwischenablage kopiert wird
Wnd bezeichnet das Handle des zugehörigen Fensters
Rop ist die Rasteroperation, die beim Kopieren verwendet wird (vgl. das folgende Anwendungsbeispiel).

Bitmap gehört der Zwischenablage und darf daher keinesfalls mit *DeleteObject* gelöscht werden.

Im folgenden Anwendungsbeispiel wird mit Hilfe der Maus das Zielrechteck auf dem Bildschirm definiert und die Zwischenablage in diesen Bereich kopiert. Das erfordert folgende Schritte:

1) Der Startpunkt dieses Bereichs (links oben) wird durch Anfahren mit dem Mauszeiger und Drücken der linken Maustaste festgelegt.
2) Der Endpunkt ist zunächst gleich dem Startpunkt und wird durch Ziehen mit der Maus verschoben; der Inhalt der Zwischenablage wird verzerrt und *invertiert* in den neuen Bereich kopiert. Dadurch wird beim Verkleinern des Bereichs der ursprüngliche Zustand des Bildschirms wiederhergestellt.
3) Beim Loslassen der linken Maustaste wird die Zwischenablage in Originalfarben in den definierten Bereich auf dem Bildschirm kopiert.

Sie können somit bereits während des Ziehens mit der Maus erkennen, wie die endgültige Kopie aussehen wird.

Die Vorgangsweise ist ähnlich wie in Rezept A.5 (Bildschirmbereich auswählen). *TFenster* sei Ihr Anwendungsfenster. Zunächst benötigen Sie eine Variable *Bereich*, um den ausgewählten Bildschirmbereich zu speichern. Diese Variable wird durch Drücken der linken Maustaste definiert und anschließend durch Ziehen mit der Maus ausgewertet, so daß mehrere Methoden darauf zugreifen müssen. Zweckmäßigerweise wird sie daher als Feld in die Definition Ihres Fensters aufgenommen:

```
TYPE
  TFenster = OBJECT(TWindow)
    ...
    Bereich: TRect;
    ...
  END;
```

Die *Init*-Methode sollte diese Variable löschen:

```
CONSTRUCTOR TFenster.Init(...);
BEGIN
  ...
  SetRectEmpty(Bereich);
  ...
END;
```

Durch Drücken der linken Maustaste wird der Startpunkt des Bereichs (links oben) auf die Mausposition gesetzt (der Endpunkt fällt dabei zunächst mit dem Startpunkt zusammen):

```
PROCEDURE TFenster.WMLButtonDown(VAR Msg: TMessage);
BEGIN
  SetRect
    (Bereich,Msg.LParamLo,Msg.LParamHi,Msg.LParamLo,Msg.LParamHi);
END;
```

Durch Ziehen der Maus wird der Endpunkt des Bereichs (rechts unten) geändert. Zuerst wird die Kopie aus dem ursprünglichen Bereich gelöscht (daher ist die Invertierung notwendig), dann der Bereich geändert und schließlich die Zwischenablage in den neuen Bereich kopiert:

```
PROCEDURE TFenster.WMMouseMove(VAR Msg: TMessage);
BEGIN
  Zwischenablage_in_Bereich_einfuegen
    (DragDC,Bereich,SrcInvert,HWindow);
  Bereich.right := Msg.LParamLo; Bereich.bottom := Msg.LParamHi;
  Zwischenablage_in_Bereich_einfuegen
    (DragDC,Bereich,SrcInvert,HWindow);
END;
```

Schließlich wird beim Loslassen der Maus die Zwischenablage mit den Originalfarben in den Zielbereich kopiert:

```
PROCEDURE TFenster.WMLButtonUp(VAR Msg: TMessage);
BEGIN
  Zwischenablage_in_Bereich_einfuegen
    (DragDC,Bereich,SrcCopy,HWindow);
END;
```

Literaturverzeichnis

[1] K.-H. Becker, M. Dörfler
Dynamische Systeme und Fraktale
Vieweg, Braunschweig, 3. Auflage 1989
ISBN 3-528-24461-5

[2] A. Ertl, R. Machholz
Turbo Pascal für Windows - ObjectWindows
Sybex-Verlag, Düsseldorf, 1. Auflage 1992
ISBN 3-88745-160-0

[3] G. Nicolis, I. Prigogine
Die Erforschung des Komplexen
Auf dem Weg zu einem neuen Verständnis der Naturwissenschaften
Piper, München, 1987
ISBN 3-492-03075-0

SACHREGISTER

Definitionen von Rezepten sind durch *kursive*, alle anderen Registereinträge durch *gerade* Seitenzahlen gekennzeichnet.

Fraktale 1993

von Karl-Heinz Becker und Michael Dörfler
unter Mitarbeit von Wolfgang Schulte-Sasse

1992. Kalenderblätter mit zahlreichen, mehrfarbigen Illustrationen.
ISBN 3-528-05275-9

„Kunst" kommt bekanntlich von Können – „Fraktale Computerkunst" von den bekannten Autoren Becker und Dörfler. Mit diesem Kalender zeigen sie, wie erstaunliche Bilder aus der Welt der Fraktale aus dem Rechner heraus auf Papier gezaubert werden können. Nie zuvor gesehene Bilder in Farben, wie sie der jeweiligen Jahreszeit entsprechen, überlappen, durchdringen und ergänzen sich in bizarren Formen. Der Kalender ist ein illustrer Begleiter durch ein Jahr, das kaum langweilig zu werden verspricht. Für alle, die sich der Reise in der Welt der Computergrafik anschließen möchten: Alle Bilder sind auf einem Tintenstrahldrukker mit erstaunlichem Resultat realisiert – als Anregung zum Nachbilden für jedermann am eigenen PC.

Verlag Vieweg · Postfach 58 29 · D-6200 Wiesbaden 1